智能产线数字化建模与工艺仿真

——基于 Process Simulate

于征磊　张义文　阮守新　等 编著

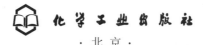

化学工业出版社

·北京·

内容简介

本书介绍了利用 Process Simulate 进行智能产线的数字化建模及工艺仿真，主要内容包括：数字化工厂规划、数字化工艺仿真与验证、Process Simulate 软件基本操作、机器人仿真模型建立、焊接过程的创建、装配过程的创建、人体模型工具、人机交互仿真，以及单工位机器人、AGV 小车与桁架机器人协同工作、桁架运行、整线仿真等完整的仿真案例。此外，本书还配送了电子资料包，读者扫描书中二维码可观看配套视频，轻松愉悦地进行学习。

本书适合制造型企业数字化产线规划与仿真人员使用，也可作为高等院校智能制造、工业工程、物流工程等专业工业仿真教材。

图书在版编目（CIP）数据

智能产线数字化建模与工艺仿真：基于 Process Simulate /
于征磊等编著. —北京：化学工业出版社，2022.11
ISBN 978-7-122-42383-2

Ⅰ.①智… Ⅱ.①于… Ⅲ.①自动生产线-仿真 Ⅳ.①TP278

中国版本图书馆 CIP 数据核字（2022）第 191075 号

责任编辑：韩亚南
责任校对：宋　夏
装帧设计：王晓宇

出版发行：化学工业出版社
　　　　　（北京市东城区青年湖南街 13 号　邮政编码 100011）
印　　　刷：三河市航远印刷有限公司
装　　订：三河市宇新装订厂
787mm×1092mm　1/16　印张 14½　字数 372 千字
2023 年 4 月北京第 1 版第 1 次印刷

购书咨询：010-64518888
售后服务：010-64518899
网　　址：http://www.cip.com.cn
凡购买本书，如有缺损质量问题，本社销售中心负责调换。

定　　价：98.00 元　　　　　　　　　　版权所有　违者必究

前言

工业仿真技术作为工业生产制造中必不可少的首要环节，已经被世界上众多企业广泛地应用到工业生产的各个领域。随着智能制造、工业 4.0 和工业互联网等新一轮工业革命的兴起，新技术与传统制造的结合得到广泛应用，工业仿真软件也开始结合大数据、虚拟现实、大规模数值模拟等先进技术，在研发设计、生产制造、物流服务、控制管理和维护反馈等各环节中凸显出更重要的作用。

我国工业仿真软件市场潜力巨大，"中国制造 2025"等一系列行动计划将促使国内对工程软件产品需求进一步扩大。新一轮工业革命是我国工业仿真软件产业发展不可多得的机遇，需夯实基础，补齐短板，尽快实现新一代设计仿真技术在工业中的广泛应用。

工业仿真是对实体工业生产环节的一种过程模拟仿真，将实体工业中的各个模块转化成数据整合到一个虚拟的体系中，在这个体系中模拟实现实体工业作业中的每一项工作和流程，并与之实现各种交互。工业仿真软件承担着对生产制造过程中的建模分析、虚拟现实交互、参数效果评估等重要作用。随着工业互联网、虚拟现实、大数据、云计算、人工智能等新技术逐渐进入工业仿真领域，工业软件对工业元素描述更精确、更细致，仿真模型得到持续动态优化，软件与工业实际应用结合更紧密，虚拟仿真软件成为工业软件未来发展的重点。

Process Simulate 软件作为三维数字化工厂的典型方案，体现了工艺设计、仿真与管理的最新技术发展现状。目前，国际许多著名制造企业都开始应用该技术结合数字化工厂技术，改造传统工艺环节和知识体系，符合当今先进制造技术的发展趋势。

在本书的编写过程中，吉林大学于征磊负责全书的架构和统筹，长春理工大学张义文、中国第一汽车集团有限公司阮守新、一汽大众发传中心李鑫以及长春理工大学王红平、戚正杰、王昊、尚晓宇、臧子豪、陈艳阳、谭洪强、任宇航参加编写。随书附赠案例的源文件素材，读者可下载使用（https://pan.baidu.com/s/11O4sNFKj9g1twLN2MIDV_Q ，提取码：1218 ）。

随着工艺技术、信息化技术以及 Process Simulate 软件产品的不断发展，本书的内容难免存在不妥之处，恳请广大读者给予批评指正。

编著者

目 录

第 7 章　创建装配过程　137

第 8 章　Process Simulate Human 及人体模型 工具介绍　156

第1章

数字化工厂规划

1.1 数字化工厂现状

1.1.1 数字化工厂的概念

德国工程师协会定义：数字化工厂（Digital Factory，缩写为 DF）是由数字化模型、方法和工具构成的综合网络，包含仿真和 3D/虚拟现实可视化，通过连续的没有中断的数据管理集成在一起。

数字化工厂（DF）以产品全生命周期的相关数据为基础，在计算机虚拟环境中，对整个生产过程包括设计、制造、装配、质量控制和检测各个阶段进行仿真、评估和优化，并进一步扩展到整个产品生命周期，是一种新型生产组织方式。

数字化工厂是现代数字制造技术与计算机仿真技术相结合的产物，同时具有鲜明的特征，它的出现给基础制造业注入了新的活力。数字化工厂主要作为沟通产品设计和产品制造之间的桥梁，为降低产品从设计到制造过程之间的不确定性，大幅度地压缩生产制造过程，提高系统的成功率和可靠性，满足节能高效、优质创新的要求提供了有力的保障。数字化工厂的结构如图 1-1 所示。

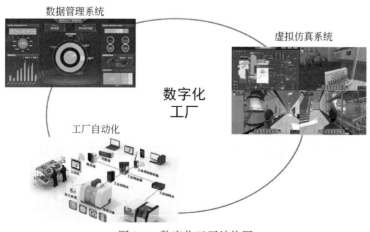

图 1-1　数字化工厂结构图

1.1.2 数字化工厂的应用特点

数字化工厂集成了产品的模型数据库,有效地解决了制造业生产流程中的程序传输和现场管理问题,大大压缩了生产准备时间、提高了设备的有效利用率,通过先进的可视化仿真技术和图文档管理模式,对提高产品动态特性管理、缩短产品投放市场周期起到了至关重要的作用,某数字化工厂如图 1-2 所示。

图 1-2　某数字化工厂

西门子工业自动化产品成都生产研发基地启用于 2013 年 9 月,是当时西门子全球第二个数字化工厂,也是西门子在德国以外的地区建立的第一个数字化工厂,目前为西门子的两个物流中心进行全球供货。工厂具有 5600 余种原材料,每天约使用 1000 万个元器件,生产超过 38000 片产品,每年生产可编程逻辑控制器约 400 万台、人机界面约 50 万台。PLM、MES、ERP 等数字化系统和平台无缝集成,为工厂快速、灵活、高质量、高效的生产提供了保障。

在西门子成都数字化工厂现场,物流系统能够实现准时、准点、准量、准料供应原材料。生产线通过电子看板实现虚拟工厂与现实工厂的交互,在生产物料需要补给时,通过系统向自动化仓库发出领料需求,仓库的自动化拣货机会及时启动,从立体化货架中准确拾取物料。它还会及时查询原料的入库时间,确保先进先出。在原材料运至生产车间前,整个过程不需要人的参与,同时测试环节也是一个高度自动化的典型环节,测试环节还可以通过不断的迭代,实现效率的最大化。

具体来讲,数字化工厂大致有以下几个特点,如图 1-3 所示。

图 1-3　数字化工厂特点

（1）数字化

数字化工厂在网络及存储媒介上以计算机语言的形式将研发信息、制造工艺信息、企业管理信息、资源物料信息等进行存储、传递、计算、分析和运用。

（2）集成化

数字化工厂的集成化是将产品的研发信息、制造工艺信息、企业管理信息等在不同层面进行时效性的集成，同时通过计算机将企业管理技术、虚拟现实技术、信息化技术等进行集成，即将各种资源、数据、子系统等进行有效的集成，进行仿真、分析、验证、优化和监控等活动。

（3）虚拟化

数字化工厂构建了一个与现实工厂相对应的虚拟工厂，并将生产经营活动的信息在虚拟工厂中进行数字化的体现，这为数字化工厂的各项应用提供了虚拟性的仿真与验证。

（4）动态性

数字化工厂内的研发信息、制造工艺信息、企业管理信息等随着客户需求的改变、企业运作的开展、市场机遇的变化、内部成员的变化、系统的变更而进行动态变化，这种变化被数字化工厂实时、详细、准确地记录下来，从而实现整个数字化工厂的信息实时动态更新。

（5）分布性

分布性不仅体现在系统各种信息的分布，还包括各成员的地理位置的分布等，数字化工厂支持分布式信息的储存、传递、计算、分析和运用。

（6）严谨性

数字化工厂的严谨性贯穿生产经营活动的全过程，保证了各项活动的有效开展，避免错误的发生，保证了企业的利益不受损害。

（7）协同性

数字化工厂的一个主要特征就是协同性，其各成员、子系统的关系错综复杂，只有各个成员、子系统之间紧密地相互协同作业，才能保证数字化工厂的正常运行。

（8）互补性

数字化工厂内各成员、子系统都有各自的优势和不足，数字化工厂提供统一的平台使各成员、子系统都承担部分责任，加强相互间的联系，弥补各自的不足，增强整体竞争优势。

1.1.3　数字化工厂的应用现状

20世纪末以来，一些发达国家率先采用了数字化工厂的解决方案，如美国的波音公司在波音777大型客机和F35隐形战机的研制过程中，利用数字化技术实现了飞机的"无纸化"设计和生产。产品研制过程中，采用数字化模块式组合形式，通过集成控制的数据从上游向下游畅通传递，有效地缩短了飞机在加工、组装、测试等方面的作业周期，对降低生产制造成本，缩短研制开发时间，起到了难以估量的作用。

在国内，数字化工厂技术的应用还处于起步阶段，目前仅在航空、航天、汽车、船舶以及机器人智能制造等领域得到应用，如国内航天事业的发展，由于采用了数字化设计、制造和管理的一揽子方案，重点解决了产品加工、装配、检测等装备的数字化协同问题，实现了关键装备从设计、制造到装配一次成功，为我国航天事业的发展与进步起到了巨大的助推作用，重点项目取得了突破性进展。上述应用目前已推广至汽车、造船等领域，特别是国产航母在短短几年内就能很快建成下水试航，谱写了世界造船史上的新篇章，更是突显了网络化、数字化、模块化应用管理平台所带来的卓越功能和丰硕成果。

1.2　数字化工厂创建过程及系统

1.2.1　生产过程及工艺过程

机械产品生产过程是指从原材料开始到成品出厂的全部劳动过程，它既包括毛坯的制造，零件的机械加工和热处理, 机器的装配、检验、测试和涂装等主要劳动过程, 也包括专用工具、夹具、量具和辅具的制造, 机器的包装, 工件和成品的运输和储存, 加工设备的维修, 以及动力 (电、压缩空气、液压等) 供应等辅助劳动过程。

由于机械产品的主要劳动过程都使被加工对象的尺寸、形状和性能产生一定的变化, 即与生产过程有直接关系, 因此称为直接生产过程。而机械产品的辅助劳动过程, 虽然不是使加工对象产生直接变化, 但也是非常必要的, 因此称为辅助生产过程。故机械产品的生产过程由直接生产过程和辅助生产过程所组成。鉴于机械产品的复杂程度不同, 其生产过程可以由一个车间或一个工厂完成, 也可以由多个工厂协同完成。

机械加工工艺过程是机械产品生产过程的一部分, 是直接生产过程, 其原意是指采用金属切削刀具或磨具来加工工件, 使之达到所要求的形状、尺寸、表面粗糙度、力学及物理性能, 成为合格零件的生产过程。由于制造技术的不断发展, 现在所说的加工方法除切削和磨削外, 还包括如电火花加工、超声加工、电子束加工、离子束加工、激光加工以及化学加工等众多加工方法。

机械加工工艺过程由若干个工序组成, 机械加工中的每一个工序又可依次细分为安装、工位、工步和走刀。

机械加工工艺过程中的工序是指一个 (或一组) 工人在一个工作地点对一个 (或同时对几个) 工件连续完成的那一部分工艺过程。根据这一定义, 只要工人、工作地点、工作对象 (工件) 之一发生变化或不是连续完成, 则应成为另一个工序。因此, 对同一个零件, 同样的加工内容可以有不同的工序安排。如阶梯轴零件的加工内容包括: 加工小端面, 对小端面钻中心孔; 加工大端面, 对大端面钻中心孔; 车大端外圆, 对大端倒角; 车小端外圆, 对小端倒角; 铣键槽, 去毛刺。这些加工内容可以安排在 2 个工序中完成, 也可以安排在 4 个工序中完成, 还可以有其他安排。工序安排和工序数目的确定与零件的技术要求、零件的数量和现有工艺条件等有关。显然, 当工件在 4 个工序中完成时, 精度和生产率较高。某输出轴的机械加工工序卡片如图 1-4 所示。

粗车和半精车	机械加工工序卡片	产品型号		零件图号			
		产品名称	输出轴	零件名称	输出轴	共 10 页	第 2 页

车间	工序号	工序名称	材料牌号
	10	粗半精车	ZG45

毛坯种类	毛坯外形尺寸	每毛坯可制件数	每台件数
铸铁			

设备名称	设备型号	设备编号	同时加工件数
	CA6140		

夹具编号		夹具名称		切削液	

工位器具编号		工位器具名称		工序工时	
				准终	单件

工步号	工 步 内 容	工 艺 装 备	主轴转速/(r/min)	切削速度/(m/min)	进给量/(mm/r)	切削深度/mm	进给次数	工步工时 机动	辅助
1	装夹								
2	粗车左端面	CA6140	110	45.6	0.65	1.5	1	0.13	
3	打中心孔	CA6140	110	45.6	1.3	1.5	1	0.13	
4	粗车 $\phi75$、$\phi65$、$\phi60$、$\phi55$	CA6140	110	45.6	0.65	1.5	1	0.13	
5									
6									

	设 计 (日期)	校 对 (日期)	审 核 (日期)	标准化 (日期)	会 签 (日期)

图 1-4　机械加工工序卡片

（1）安装

如果在一个工序中需要对工件进行几次装夹，则每次装夹下完成的那部分工序内容称为一个安装。若一次装夹后尚需有 3 次调头装夹才能完成某工序内容，则该工序共有 4 个安装；若某工序是在一次装夹下完成全部工序内容，则该工序只有 1 个安装。

（2）工位

在工件的一次安装中，通过分度（或移位）装置，使工件相对于机床床身变换加工位置，则把每一个加工位置上的安装内容称为工位。在 2 个安装中，可能只有一个工位，也可能需要有几个工位。有一种回转工作台可使工件变换加工位置，在该例中共有 4 个工位，依次为装卸工件、钻孔、扩孔和铰孔，实现了在一次装夹中同时进行钻孔、扩孔和铰孔加工。

（3）工步

所谓工步，是指加工表面、切削刀具、切削速度和进给量都不变的情况下所完成的工位内容。按照工步的定义，带回转刀架的机床（转塔车床、加工中心）其回转刀架的一次转位所完成的批量生产和单件生产的工位内容应属于一个工步，此时若有几把刀具同时参与切削，则该工步称为复合工步。

（4）走刀

切削刀具在加工表面上切削一次所完成的工步内容，称为一次走刀。一个工步可以包括一次或数次走刀，若需要切去的金属层很厚，不能在一次走刀下切完，则需分几次走刀。走刀次数又称行程次数。

1.2.2 　生产类型与工艺特点

企业根据市场需求和自身的生产能力决定生产计划。在计划期内，应当生产的产品产量和进度计划称为生产纲领。计划期为一年的生产纲领称为年生产纲领。零件的年生产纲领通常按下式计算：

$$N=Qn(1+\alpha+\beta) \tag{1-1}$$

式中　　N——零件的年生产纲领；

Q——产品的年产量；

n——每台产品中该零件的数量；

α——备品率，%；

β——废品率，%。

年生产纲领是设计或修改工艺规程的重要依据，是车间设计的基本文件，生产纲领确定后，还应该确定生产批量。

生产批量是指一次投入或产出的同一产品或零件的数量，Process Simulate 时序编辑模块如图 1-5 所示。零件生产批量的计算公式如下：

$$n' = \frac{NA}{F} \tag{1-2}$$

式中　　n'——每批中的零件数量；

A——零件应储备的天数；

F——一年中工作日天数。

确定生产批量的大小是一个相当复杂的问题，主要考虑以下几方面的因素：

① 市场需求及趋势分析。保证市场的供销量，还应保证装配和销售有必要的库存。

② 便于生产的组织与安排。保证多品种产品的均衡生产。

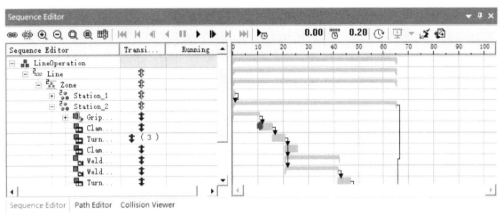

图 1-5　Process Simulate 时序编辑模块

③ 产品的制造工作量。对于大型产品，其制造工作量较大，批量应少一些，而中、小型产品的批量可大一些。

④ 生产资金的投入。批量小，次数多，投入的资金少，有利于资金的周转。

⑤ 制造生产率和成本。批量大，可采用一些先进的专用高效设备和工具，有利于提高生产率和降低成本。

根据工厂（或车间、工段、班组、工作地）生产专业化程度的不同，可分成大量生产、成批生产和单件生产三种生产类型。其中，成批生产又可分为大批生产、中批生产和小批生产。显然，产量越大，生产专业化程度应该越高。

从工艺特点上看，小批生产和单件生产的工艺特点相似，大批生产和大量生产的工艺特点相似，因此生产上常按单件小批生产、中批生产和大批大量生产来划分生产类型，并且按这三种生产类型归纳它们的工艺特点。可以看出，生产类型不同，其工艺特点有很大差异。

随着技术的进步和市场需求的变化，生产类型的划分正在发生着深刻的变化，传统的大批量生产往往不能适应产品及时更新换代的需求，而单件小批生产的生产能力又跟不上市场之需求，因此各种生产类型都朝着生产过程柔性化的方向发展。成组技术（包括成组工艺、成组夹具）为这种柔性化生产提供了重要的基础。

1.2.3　机械制造工艺系统

零件进行机加工时必须具备一定的条件，即要有一个系统来支持，通常，这个系统由物质分系统、能量分系统和信息分系统组成。

① 物质分系统由工件、机床、工具和夹具所组成。工件是被加工对象；机床是加工设备，如车床、铣床、磨床等，也包括钳工台等钳工设备；工具是各种刀具、磨具、检具，如车刀、铣刀、砂轮等；夹具是指机床夹具，如果加工时是将工件直接装夹在机床工作台上，也可以不要夹具。因此一般情况下工件、机床和工具是不可少的，而夹具是可有可无的。

② 能量分系统是指动力供应系统。

③ 信息分系统是在现代的数控机床、加工中心和生产线工作时提出的，其加工内容和信息技术有着密切关系，在用一般的通用机床加工时多为手工操作，未涉及信息技术。

机械制造工艺系统可以是单台机床，如自动机床、数控机床和加工中心等，也可以是多台机床组成的生产线。Link 定义如图 1-6 所示。

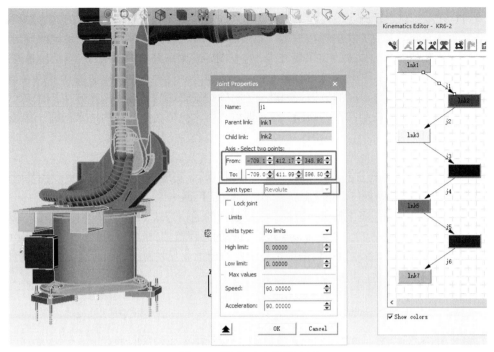

图 1-6　定义 Link 连接方式

1.3　数字化工厂技术研究

1.3.1　数字化工厂规划的核心要素

（1）数据的采集与管理

数据是数字化工厂建设的血液，在各应用系统之间流动。在数字化工厂运转的过程中，会产生设计、工艺、制造、仓储、物流、质量、人员等业务数据，这些数据可能分别来自 ERP、MES、APS、WMS、QIS 等应用系统，数据管理及治理如图 1-7 所示。生产过程中需要及时采集产量、质量、能耗、加工精度和设备状态等数据，并与订单、工序、人员进行关联，以实现生产过程的全程追溯。

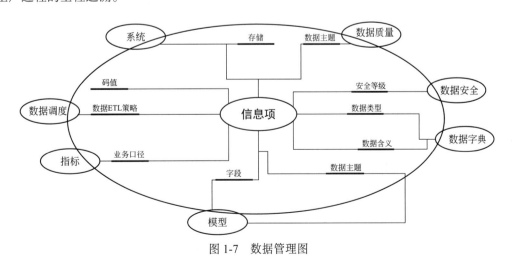

图 1-7　数据管理图

此外，在数字化工厂的建设过程中，需要建立数据管理规范，来保证数据的一致性和准确性。还要预先考虑好数据采集的接口规范，以及 SCADA（监控和数据采集）系统的应用。企业需要根据采集的频率要求来确定采集方式，对于需要高频率采集的数据，应当从设备控制系统中自动采集。

必要时，还应当建立专门的数据管理部门，明确数据管理的原则和构建方法，确立数据管理流程与制度，协调执行中存在的问题，并定期检查落实优化数据管理的技术标准、流程和执行情况。

（2）设备联网

实现数字化工厂乃至工业 4.0，推进工业互联网建设，实现 MES 应用，最重要的基础就是要实现 M2M，也就是设备与设备之间的互联，建立工厂网络。

企业应该对设备与设备之间如何互联，采用怎样的通信方式、通信协议和接口方式等问题建立统一的标准。在此基础上，企业可以实现对设备的远程监控，机床联网之后，可以实现 DNC（分布式数控）应用。设备联网和数据采集是企业建设工业互联网的基础，智能工厂融合网络的解决方案如图 1-8 所示。

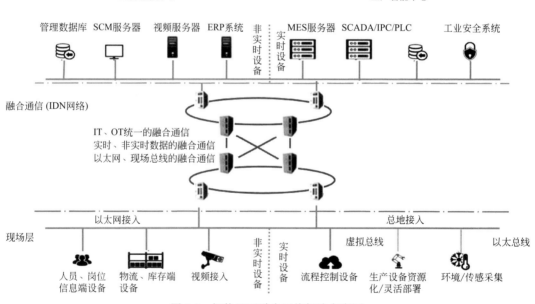

图 1-8　智能工厂融合网络解决方案图

（3）工厂智能物流

推进数字化工厂建设，生产现场的智能物流十分重要，尤其是对于离散制造企业。智能工厂规划时，要尽量减少无效的物料搬运。很多制造企业在装配车间建立了集中拣货区（Kitting Area），根据每个客户订单集中配货，并通过 DPS（Digital Picking System）方式进行快速拣货，配送到装配线，消除了线边仓。物流规划的框架如图 1-9 所示。

离散制造企业在两道机械工序之间可以采用带有导轨的工业机器人、桁架式机械手等方式来传递物料，还可以采用 AGV（自动导引运输车）、RGV（有轨穿梭车）或者悬挂式输送链等方式传递物料。立体仓库和辊道系统的应用，也是企业在规划智能工厂时，需要进行系统分析的问题。

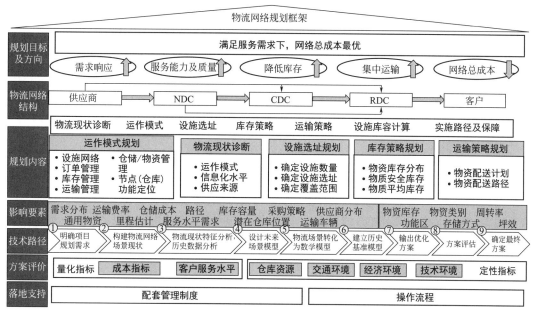

图1-9　物流网络规划框架图

（4）生产质量管理和设备管理

提高质量是企业永恒的主题，在智能工厂规划时，生产质量管理和设备管理更是核心的业务流程，贯彻质量是设计、生产出来，而非检验出来的理念。质量管理体系如图1-10所示。

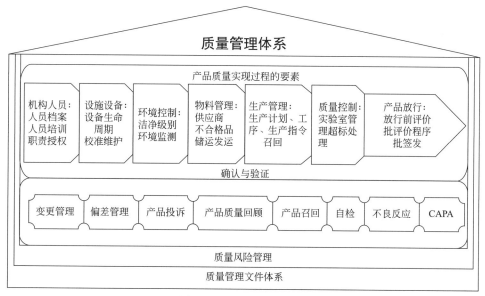

图1-10　质量管理体系图

质量控制在信息系统中需嵌入生产主流程，如检验、试验在生产订单中作为工序或工步来处理；质量控制的流程、表单、数据与生产订单相互关联、穿透；构建质量管理的基本工作路线：质量控制设置→检测→记录→评判→分析→持续改进。

设备是生产要素,发挥设备的效能是智能工厂生产管理的基本要求,OEE(设备综合效率)的提升标志产能的提高和成本的降低。生产管理信息系统需设置设备管理模块,使设备释放出最高的产能,通过生产的合理安排,使设备尤其是关键、瓶颈设备减少等待时间。

在设备管理模块中,要建立各类设备数据库、设置编码、及时对设备进行维保;通过实时采集设备状态数据,为生产排产提供设备的能力数据;建立设备的健康管理档案,根据积累的设备运行数据建立故障预测模型,进行预测性维护,最大限度地减少设备的非计划性停机;进行设备的备品备件管理。

(5) 智能厂房设计

智能厂房除了水、电、汽、网络、通信等管线的设计外,还要规划智能视频监控系统、智能采光与照明系统、通风与空调系统、智能安防报警系统、智能门禁一卡通系统、智能火灾报警系统等。采用智能视频监控系统,可以判断监控画面中的异常情况,并以最快和最佳的方式发出警报或触发其他动作。智能厂房设计大致结构如图 1-11 所示。

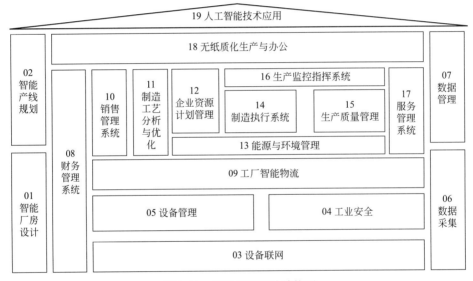

图 1-11　智能厂房设计结构图

整个厂房的工作分区(加工、装配、检验、进货、出货、仓储等)应根据工业工程的原理进行分析,可以使用数字化制造仿真软件对设备布局、产线布置、车间物流进行仿真。在厂房设计时,还应当思考如何降低噪声,如何能够便于设备灵活调整布局,多层厂房如何进行物流输送等问题。

(6) 智能装备应用

制造企业在规划数字化工厂时,必须高度关注智能装备的最新发展。机床设备正在从数控化走向数字化,很多企业在设备上下料时采用了工业机器人,多台工业机器人协作可用来提高生产线的效率,如图 1-12 所示。未来的工厂中,金属增材制造设备将与切削加工(减材)、成形加工(等材)等设备组合起来,极大地提高材料利用率。

除了六轴的工业机器人之外,还应该考虑 SCARA 机器人和并联机器人的应用,而协作机器人将会出现在生产线上,配合工人提高作业效率。

图 1-12 多台工业机器人协作图

（7）智能产线规划

智能产线是数字化工厂规划的核心环节，企业需要根据生产线要生产的产品族、产能和生产节拍，采用价值流图等方法来合理规划智能产线。

智能产线的特点是：在生产和装配的过程中，能够通过传感器、数控系统或 RFID 自动进行生产、质量、能耗、设备绩效（OEE）等数据采集，并通过电子看板显示实时的生产状态，能够防呆防错；通过安灯系统实现工序之间的协作；生产线能够实现快速换模，实现柔性自动化；能够支持多种相似产品的混线生产和装配，灵活调整工艺，适应小批量、多品种的生产模式；具有一定冗余，如果出现设备故障，能够调整到其他设备生产；针对人工操作的工位，能够给予智能的提示，并充分利用人机协作。某板式家具生产线工艺流程如图 1-13 所示。

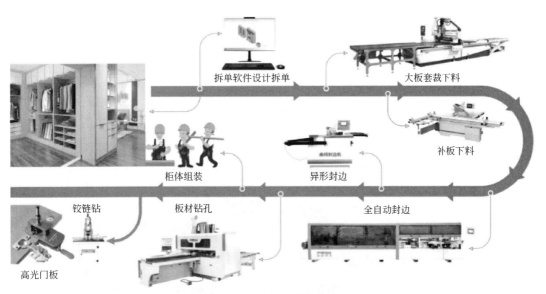

图 1-13 某板式家具生产线流程图

（8）制造执行系统 MES

MES 是智能工厂规划落地的着力点，上接 ERP 系统，下接现场的 PLC、数据采集器、条形码、检测仪器等设备，制造执行系统 MES 的整体结构如图 1-14 所示。MES 旨在加强 MRP

计划的执行功能，贯彻落实生产策划，执行生产调度，实时反馈生产进展。

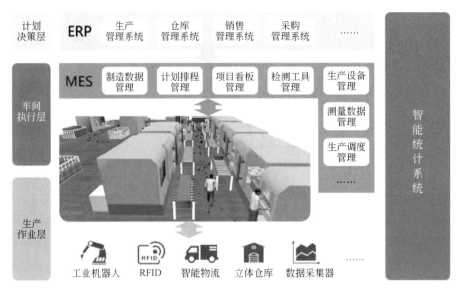

图 1-14 制造执行系统 MES 的结构图

面向生产一线工人：指令做什么、怎么做、满足什么标准，什么时候开工，什么时候完工，使用什么工具等；记录"人、机、料、法、环、测"等生产数据，建立可用于产品追溯的数据链；反馈进展、反馈问题、申请支援、拉动配合等。

面向班组：发挥基层班组长的管理效能，班组任务管理和派工。

面向一线生产保障人员：确保生产现场的各项需求，如料、工装刀量具的配送，工件的周转等。

制造企业生产过程执行管理系统将信息、网络、自动化、现代管理与制造技术相结合，在车间形成数字化制造平台，改善车间的管理和生产等各环节，从而实现了敏捷制造。

（9）生产无纸化

随着信息化技术的提高和智能终端成本的降低，在智能工厂规划可以普及信息化终端到每个工位，国内某 UWB 无纸化生产示范产线如图 1-15 所示。操作工人可在终端接收工作指令，接收图纸、工艺、跟单等生产数据，可以灵活地适应生产计划变更、图纸变更和工艺变更。

图 1-15 国内某无纸化生产示范产线图

（10）生产监控指挥系统（图 1-16）

流程行业企业的生产线配置了分散控制系统 DCS 或 PLC 控制系统，通过组态软件可以查看生产线上各个设备和仪表的状态，但绝大多数离散制造企业还没有建立生产监控与指挥系统。

图 1-16　生产监控指挥系统图

实际上，离散制造企业也非常需要建设集中的生产监控与指挥系统，在系统中呈现关键的设备状态、生产状态、质量数据，以及各种实时的分析图表，通过看板直观展示，提供多种类型的内容呈现，辅助决策。

1.3.2　数字化工厂的关键技术

数字化技术正在不断地改变每一个企业，数字化工厂是一种全新的生产组织方式，它是以虚拟制造技术为基础，以产品全生命周期的相关数据为依据，在计算机虚拟环境中通过对产品生产制造全过程进行模拟、仿真和重组来实现优化工业生产。数字化工厂技术是企业迎接 21 世纪挑战的有效手段，其突出的优势受到企业的重视与期待，数字化工厂涉及的关键技术主要有以下几种。

（1）数字化建模技术

随着产品生命周期的缩短、产品定制化程度的加强，以及企业必须同上下游建立起协同的生态环境，企业不得不采取数字化的手段来加速产品的开发，提高开发、生产、服务的有效性以及提高企业内外部环境的开放性。

数字化模型是数字化工厂的基础，根据所需的各种零部件数据信息来建立对应的数字化模型，是实现数字化仿真和分析的前提条件。数字化建模无疑将贯穿整个产品的生命周期，不仅可以加速产品的开发过程，提高开发和生产的有效性和经济性，更有效地了解产品的使用情况并帮助客户避免损失，更能精准地将客户的真实使用情况反馈到设计端，实现产品的有效改进。数字建模技术已应用于各行各业，部分建模如图 1-17 所示。

合理有效的数字化建模能够确保研究数据的一致性、完整性和可追溯性，以及对最终设计方案的正确性、支撑整个供应链的相关设计、配合上下游单元协调工作具有重大意义。

（2）仿真优化技术

仿真优化是利用已经建立的数字化模型，对生产制造系统进行计算机模拟仿真，通过对仿真运行过程进行分析，能够找出当前系统存在的问题，并对系统进行改进优化，以提高系统的生产效率和产品质量。仿真优化技术和数字化建模技术是数字化工厂的核心技术，某工厂的生产现场及模拟仿真如图 1-18 所示。

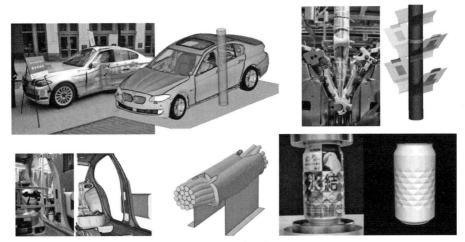

图 1-17　数字建模图

生产现场　　　　　　　　　　　　　　模拟仿真

图 1-18　某工厂模拟仿真图

　　以车辆路径问题为例。车辆配送过程可划分为装车、配送、卸车、回配送中心等操作步骤，只有完成当前操作步骤切换到下一个步骤时，配送状态量才会改变。状态只有在离散的时间点发生变化，即车辆配送过程是离散变化的。

　　离散事件系统仿真是指对那些系统状态只在一些时间点上由于某种事件的驱动而发生变化的系统建立数学模型，然后进行仿真实验和性能评估的仿真方法。离散事件系统的状态量是基于事件驱动而发生变化的，有些不易通过数学方程描述，所以可以通过离散事件仿真进行研究。

　　仿真实质上是一种试验方法，通过枚举对备选方案进行逐一验证，如果搜索目标不明确，则无法给出问题最优或近优解，当试验方案较多时，该方法变得极其复杂，甚至无法实现。因此如果能将仿真技术和优化方法相结合，则会为解决实际车辆路径问题提供有效手段。应用较为广泛的是将仿真模型嵌入优化算法中，以仿真模型的输出作为算法的适应值来指导优化算法搜索出问题的最优解。

图 1-19　虚拟现实技术图

（3）虚拟现实技术

　　虚拟现实技术（Virtual Reality，简称 VR）是 20 世纪发展起来的一项全新的实用技术，如图 1-19 所示。虚拟现实技术囊括计算机、电子信息、仿真技术，其基本实现方式是计算机模拟虚拟环境，从而给人以环境沉浸感，已逐步成为一个新的科学技术领域。

　　虚拟现实技术能在特定的范围内生成集视觉、听觉、触觉于一体的逼真的虚拟环境，同时具有与用户交互的功能。虚拟现实关键技术主要包括动态环境建模技术、实时三维图形生成技术、立体显示和传感器技术、应用系统开发工具及系统集成技术。

（4）软件之间的重组和基层应用工具

数字化工厂的构建必定涉及数字化信息的有效传递，信息传递的过程包括生产过程内部各单元之间的传递和上下游企业之间的传递。因此，数字化工厂技术必须与其他软件模块之间实现信息的交换与集成，特别是一些企业管理软件。软件集成能够帮助企业的管理者及时做出正确的商业决策，提高企业管理效率，实现管理控制的一体化、数字化。某生产线平台提供多应用程序集合，如图 1-20 所示。

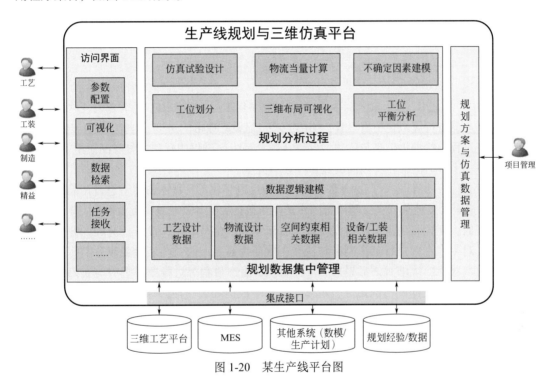

图 1-20　某生产线平台图

（5）应用工具

生产制造系统的虚拟数字化仿真方案要能够指导真实的物理系统搭建，同时，要求仿真系统能够转化为各种指导文件。所以，数字化工厂必须要具有相关的工具，能生成各种所需文档，例如报表输出、控制程序生成等。某厂生产制造过程统计分析如图 1-21 所示。

1.3.3　数字化工厂的优势

数字化工厂利用其工厂布局、工艺规划和仿真优化等手段，改变了传统工业生产的理念，给现代化工业带来了新的技术革命，其优势较为明显。

① 预规划和灵活性生产：利用数字化工厂技术，整个企业在设计之初就可以对工厂布局、产品生产水平与能力等进行预规划，帮助企业进行评估与检验。同时，数字化工厂技术的应用使得工厂设计不再是各部门单一流水作业，各部门成为一个紧密联系的有机整体，有助于工厂建设过程中的灵活协调与并行处理。此外，在工厂生产过程中能够最大限度地关联产业链上的各节点，增强生产、物流、管理过程中的灵活性和自动化水平。

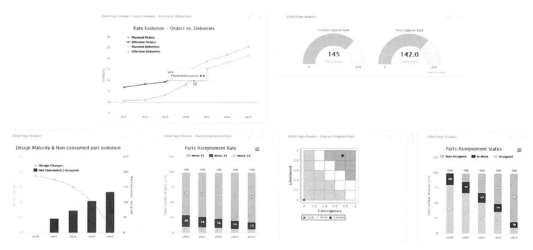

图 1-21　生产制造过程分析图

②缩短产品上市时间、提高产品竞争力：数字化工厂能够根据市场需求的变化，快速、方便地对新产品进行虚拟化仿真设计，加快了新产品设计成形的进度。同时，对新产品的生产工艺、生产过程进行模拟仿真与优化，保证了新产品生产过程的顺利性与产品质量的可靠性，加快了产品的上市时间，在企业间的竞争中占得先机。

③节约资源、降低成本、提高资金效益：通过数字化工厂技术方便地进行产品的虚拟设计与验证，最大限度地降低了物理原型的生产与更改，从而有效地减少资源浪费，降低产品开发成本。同时，充分利用现有的数据资料（客户需求、生产原料、设备状况等）进行生产仿真与预测，对生产过程进行预先判断与决策，从而提高生产收益与资金使用效益。另外，利用数字化工厂技术，能够对产品设计、产品原料、生产过程等进行严格把关与统筹安排，降低设计与生产制造之间的不确定性，从而提高产品数据的统一性，方便地进行质量规划，提升质量水平。

1.4　计算机辅助工艺规程设计

1.4.1　概述

随着计算机科学与技术的迅速发展，计算机技术在工艺规程设计中得到了应用，即计算机辅助工艺规程设计（Computer Aided Process Planning，简称 CAPP），CAPP 系统概述如图 1-22 所示。它是指工艺设计人员借助于计算机，根据产品设计阶段给出的信息和产品制造工艺要求，交互地或自动地确定产品的加工方法和方案。具体地说，CAPP 就是利用计算机的信息处理和信息管理优势，采用先进的信息处理技术和智能技术，帮助工艺设计人员完成工艺设计中的各项任务，如选择定位基准、拟订零件加工工艺路线、确定各工序的加工余量、计算工艺尺寸和公差、选择加工设备和工艺装置、确定切削用量、确定重要工序的质量检测项目和检测方法、计算工时定额、编写各类工艺文件等，最后生成产品生产所需的各种工艺文件（如生产工艺流程图、加工工艺过程卡、加工工艺卡或加工工序卡、工艺管理文档等）及数控加工编程、生产计划制订和作业计划制订所需的相关数据信息，作为数控加工程序编制、生产管理与运行控制系统执行的基础信息。

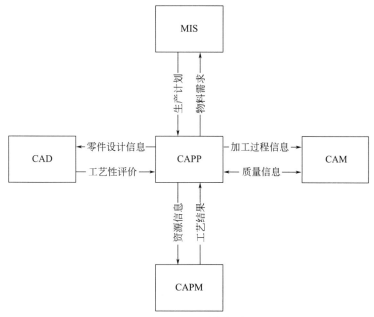

图 1-22　CAPP 系统概述图

工艺设计又是一项经验性很强、影响因素很多的决策过程，同时工作量大、易于出错。面对当前的多品种小批生产和多品种大量定制生产模式，传统的工艺设计方法已远远不能适应机械制造行业发展的需要，借助于计算机来完成这项工作，不仅可以大大减轻工作量，更重要的是便于知识积累、数据管理和系统集成。

自 20 世纪 60 年代开始提出 CAPP 的理论与方法以来，CAPP 的研究取得了重大的成果，但到目前为止仍存在着许多问题，有待于进一步的研究。尤其是随着 CAD（Computer Aided Design）/CAM（Computer Aided Manufacturing）向集成化、智能化方向发展及并行工作模式的出现等，都对 CAPP 提出了新的要求。因此，CAPP 的内涵也在不断地发展，从狭义的观点来看，CAPP 是完成如上所述的工艺过程设计，输出工艺规程。但是在 CAD/CAM 集成系统中，特别是在并行工作模式下，"PP"不再单纯理解为"process planning"，而应增加"production planning"的含义，因此产生了 CAPP 的广义概念，即 CAPP 的一头向生产规划最佳化及作业计划最佳化发展，作为 MRP（Manufacturing Resource Planning）的一个重要组成部分，而另一头则向自动生成 NC（Numerical Control）指令扩展。因此，CAPP 系统成为当今各国研究的重要内容之一。

1.4.2　CAPP 的结构及功能

CAPP 系统的组成与其开发环境、产品对象及其规模大小有关，其基本组成模块包括以下内容：

① 控制模块。协调各模块的运行，实现人机之间的信息交流，控制产品设计信息获取方式。

② 零件信息获取模块。用于产品设计信息输入，有人机交互输入、从 CAD 系统直接获取或自集成环境下统一的产品数据模型输入两种方式。零件设计信息是系统进行工艺设计的对象和依据。由于计算机目前还不能像人一样对零件图上的所有信息进行识别，所以 CAPP 系统必须有一种专门的数据结构对零件信息进行描述，如何描述和输入有关的零件信息一直是 CAPP 开发中最关键的问题之一。

③ 工艺过程设计模块。进行加工工艺流程的决策，生成生产工艺过程卡。

④ 工序决策模块。选定加工设备、定位安装方式、加工要求，生成工序卡。

⑤ 工步决策模块。选择刀具轨迹、加工参数，确定加工质量要求，生成工步卡及提供形成 NC 指令所需的刀位文件。

⑥ 输出模块。可输出工艺流程卡、工序和工步卡、工序图等各类文档，并可利用编辑工具对生成的文件进行修改后得到所需的工艺文件。

⑦ 产品设计数据库。存放 CAD 系统完成的产品设计信息。

⑧ 制造资源数据库。存放企业或车间的加工设备、工装工具等制造资源的相关信息，如名称、规格、加工能力、精度指标等。

⑨ 工艺知识数据库。该库是 CAPP 系统的基础，用于存放产品制造工艺规则、工艺标准、工艺数据手册、工艺信息处理的相关算法和工具等，如加工方法、排序规则、机床、刀具、夹具、量具、工件材料、切削用量、成本核算等。如何对上述信息进行描述，如何组织管理这些信息以满足工艺决策和方法的要求，是当今 CAPP 系统迫切需要解决的问题。

⑩ 典型案例数据库。存放各零件族典型零件的工艺流程图、工序卡、工步卡、加工参数等数据供系统参考使用。

⑪ 编辑工具数据库。存放工艺流程图、工序卡、工步卡等系统输入输出模板、手册查询工具和系统操作工具集等，用于有关信息的输入、查询和工艺文件的编辑。

⑫ 制造工艺数据库。存放由 CAPP 系统生成的产品制造工艺信息，供输出工艺文件、数控加工编程和生产管理与运行控制系统使用。

工艺过程设计模块、工序决策模块、工步决策模块是 CAPP 系统控制和运行的核心，它的作用是以零件信息为依据，按预定的规则或方法对工艺信息进行检索和编辑处理，提取和生成零件工艺规程所要求的全部信息，CAPP 系统框架如图 1-23 所示。

图 1-23 CAPP 系统框架图

1.4.3 CAPP 存在的问题

CAPP 应用平台系统使用以后，随着企业信息化不断深入而出现新特点，深化 CAPP 应用还存在一些问题，这些问题制约着 CAPP 向更广、更深、商品化、实用化的方向发展。

（1）通用性和专用性之间的矛盾

通用性和专用性之间的矛盾是阻碍 CAPP 大规模推广应用的首要问题。此问题的实质是同一企业自身工艺环境的动态变化性、不同企业间工艺环境及工艺类型的差异性的综合外在表现。量身定制的专用化 CAPP 系统的优点是能够很好地满足企业当前工艺需求，在企业的工艺准备过程中较好地发挥作用。然而，其缺点也是明显的，对于企业来说，专用化的 CAPP 不能适应企业工艺环境的变化，无法使制造企业从容面对瞬息万变的市场（敏捷制造），不仅制约了企业的发展，也造成了企业信息技术投资的浪费。CAPP 系统功能结构如图 1-24 所示。

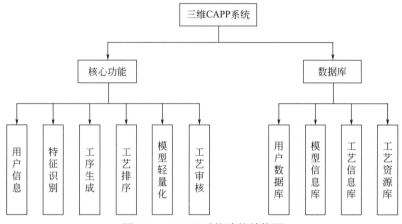

图 1-24 CAPP 系统功能结构图

（2）应用水平偏浅的问题

目前绝大部分企业 CAPP 的应用停留在工艺卡片的编辑、工艺信息的统计汇总、工艺流程生成和权限的管理与控制方面，有效地提高了工艺设计的效率和标准化水平，这是 CAPP 应用的基础。但 CAPP 应用的深度还不够，还不能有效地结合企业的工艺制造环境总结工艺的"设计经验"和"设计知识"，来形成企业的"参数化""自动化"CAPP 系统。如何在已有平台的基础上，结合企业的实际情况，提高 CAPP 系统的知识水平，实现 CAPP 的有限智能，是CAPP 在企业深化应用的一个方面。

（3）CAPP 系统与其他应用系统的集成问题

工艺是设计和制造的桥梁，工艺数据是产品全生命周期中最重要的数据之一，同时也是企业编排生产计划、制订采购计划、生产调度的重要基础数据，在企业的整个产品开发及生产中起着重要的作用。CAPP 需要与企业的各种应用系统进行集成，包括 CAD、PDM（Product Data Management）、ERP（Enterprise Resource Planning）、MES（Manufacturing Execution System）等。由于不少企业 CAD、CAPP、ERP 的应用是分阶段、不同时期的，目前还存在着信息的孤岛，工艺数据的价值还没有得到有效的发挥和利用。

1.5 数字化工厂的未来

1.5.1 数字化工厂的发展趋势

工业制造数字化、网络化、智能化已是世界范围内新一轮科技革命的核心技术，作为承载智能制造的数字化工厂，则是国家"两化融合"战略发展要求的重要应用体现，更是实现智能化工厂的必由之路，它的出现给基础制造业注入了新的活力。可以预见，未来几年数字化工厂将主要朝着以下几个方向发展，如图 1-25 所示。

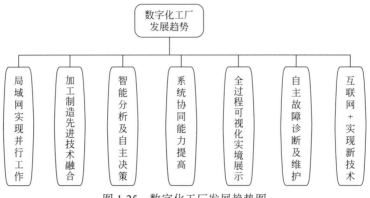

图 1-25　数字化工厂发展趋势图

① 企业通过局域网实现由传统的顺序工作方式向并行工作方式转变，达到模块化、集成化、数字化的综合协同管理，搭建 Internet 虚拟结构模式，实现跨区域的资源共享。

② 通过各种加工制造先进技术的融合，可实现 CAD/CAPP/CAM/CAE 各功能软件技术的一体化，使产品制造的现场管理向无纸化的互联网辅助制造方向发展。

③ 数字化工厂的系统将实现智能化的快速响应执行能力，系统更具自主决策能力，能够采集与分析外部的信息资讯，并加以智能化的分析判断，规划出自身的优化结构形式。

④ 数字化工厂系统的协调、重组及扩充能力将进一步提高，依据工作任务，系统可自行组成最佳的结构形式。

⑤ 结合信号处理、预测、仿真及多媒体技术，实现从设计到制造过程的可视化实境展示。

⑥ 数字化工厂系统将根据设备的使用情况自动执行故障诊断、故障排除、设备维护、异常情况通报等。

⑦ 利用互联网+技术催生的各种实用新型应用技术，必将促使加工制造企业向构建一个节能高效、绿色环保、舒适宜人的人性化工厂迈进，最终实现智慧化工厂的目标。

数字化工厂作为一项系统工程，消除了设计、制造、生产各环节的信息孤岛，保证了各种产品数据的完整性和一致性，形成一体化的数字化管理模式，建立起具有稳定可靠的数据传输、采集监测、制造过程管理等功能的信息化管理平台，从而实现数字化工厂的先进制造模式，这一模式也必将成为未来数控加工技术的主流发展方向。可以预见，未来的数字化工厂将向着更高集成化、更高智能化、更高可靠性方向发展，数字化工厂的建立与逐步普及也必将彰显出科技引领未来的时代发展趋势。

1.5.2　数字化企业的愿景

在企业数字化转型过程中，基于企业数字化转型战略的分析结果，来确定企业数字化转型的愿景、使命、宗旨和价值观，就是为企业的数字化转型构建一整套科学的理论体系和思想方法，能够帮助企业明晰数字化转型的未来蓝图、肩负责任、行事原则和实施方式，全面指导企业的数字化转型战略的各项工作。对大多数公司而言，数字化就是关注客户和员工生产力，这一切皆由数据和数字化优先的架构来推动，客户和数据是将数字化融入企业愿景的一个不错的切入点，许多企业的领导者也对各自所在的公司提出了适合的数字化企业愿景。

艾利丹尼森的首席信息官提道：数字化是指具备利用新兴技术实现理想的业务成果的能力和愿望，我们的目标是利用新兴技术来优化改造业务。

西联的首席技术官提道：数字化的本质就是我们接触客户的方式。人们往往认为西联汇款是现金业务，我们现在的目标是尽可能地让客户体验数字化。我们向数字化过渡，其本质就是为客户带来便利，使他们感到简单易用并为他们提供各种选择。

联想的首席信息官提道：对联想而言，数字化的范围很广泛，从基本流程优化，到使用技术解锁新业务模式，乃至创建新产品，提供更强大的客户体验。我们认为，人工智能对于未来的业务越来越重要，并且我们一直在使用"智能转型"这一术语——在所有业务领域应用技术（尤其是人工智能），以利用大量的数据，这些数据在整个企业和生态系统中的可用性越来越高。

信安金融集团的首席信息官提道：数字化战略是完全依赖于特定技术的商业战略。这些技术可能包含数据分析、物联网、人工智能、机器学习、云或与客户体验相关的技术，如移动通信、网络和社交媒体。对信安而言，数字化意味着采用这些特定技术并将其应用于业务战略。

康尼格拉品牌公司（Conagra Brands）的首席信息官提道：数字化就是由技术实现的创新和转型——如向通过数字化购物的消费者交付商品，由云提供支持的基础设施，以及介于这两者之间的一切。无论是电子邮件还是其他渠道，数字化都在合适的地点、合适的时间和合适的环境对消费者进行营销。我们必须时刻处于数字化状态，消费者在哪里，我们就在哪里。就过程的数字化而言，我们要找到摩擦点，因为哪里有摩擦，哪里就有机会。

金宝汤公司的首席信息官提道：数字化转型是通过下列四种方式来利用 IT，即优化内部运营；使员工更加高效，超越他们的技术需求，使他们的 IT 体验变得轻松；将员工、合作伙伴、供应商和客户的生态系统整合起来；与消费者打交道。

通用电气公司旗下的贝克休斯公司的首席信息官提道：数字产业领导力正在改变工业领域。对我们而言，正当我们迎接生产力的下一个重大变化时，数据和分析正在从根本上改变我们的业务、石油和天然气行业的工作方式。例如，我们在车间使用人工智能来了解是什么因素导致焊接机产生具有破坏性的、非计划的停机。当信息技术与运营技术相遇时，我们就明白了哪些行为或指标会导致意外停机。我们可以使用预测分析来进行预防性维护并提高生产力。

1.5.3　数字化企业的目标

在数字化转型中，制定转型的目标体系，需要把握好长期目标、中期目标和短期目标的关系，既要着眼长期目标，也要推动中期目标，更要抓紧短期目标。数字化企业转型的目标（图 1-26）包括：改善运营业绩；提升企业的收入和盈利能力，带来显著的财务价值；提升客户获取和留存；改进企业决策。

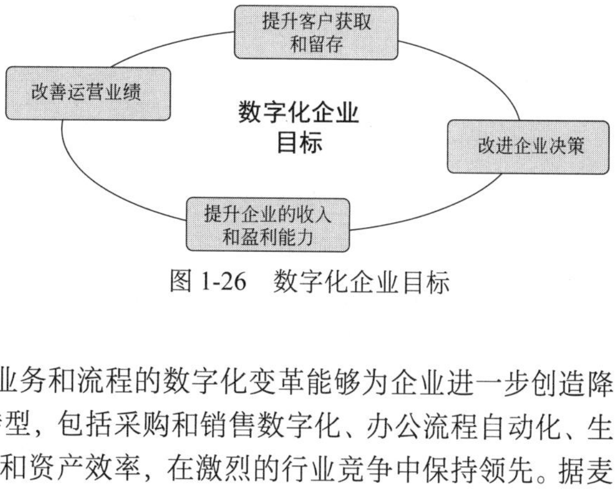

图 1-26　数字化企业目标

（1）数字化转型是为了改善运营业绩

在传统精益改善和管理优化的基础上，业务和流程的数字化变革能够为企业进一步创造降本增效的潜力——通过全价值链的数字化转型，包括采购和销售数字化、办公流程自动化、生产和供应链互联透明等举措，大幅提高人员和资产效率，在激烈的行业竞争中保持领先。据麦肯锡全球研究院预测，到 2025 年，数字化突破性技术的应用每年将带来高达 1.2 万亿～3.7 万亿美元的经济影响价值。

（2）数字化转型有助于提升企业的收入和盈利能力，带来显著的财务价值

数字化麦肯锡的 Analytics Quotient 数商数据库在调研了全球多家企业后发现，数字化水平成熟度越高的企业，其业务增长动力也越强。数字化综合能力强的企业，其收入增长率和利润增长率均为其余样本平均值的 2.4 倍。数字化转型可以为企业带来真金白银的价值，为企业发展提供持续动力。

（3）提升客户获取和留存

数字化转型，将会通过互联网、大数据、人工智能等技术，全面变革企业营销体系，给企业的客户获取、留存、激活带来新的发展，也是数字变革价值凸显的重要领域，企业应重点把握数字化转型对提升客户获取和留存所带来的红利，科学制定获客和留存的目标。

（4）改进企业决策

通过数字化转型，实现用数据说话、用数据决策，还是保持原有的金字塔式从上到下的决策体系，企业应明确数字化转型后，给企业决策体系带来的变革，了解自动化的智能决策、分布式微决策等给现有决策体系的冲击，包括领导权威的冲击，来制定企业决策体系的转型目标。

本章总结

"中国制造 2025"指出以信息化与工业化深度融合为主线，强化工业基础能力，提高工艺水平和产品质量，推进智能制造、绿色制造。通过开发数字化工厂、智能化在线检测仪器、设备与流程建模仿真系统、智能优化控制系统、智能故障检测、数据中心、全过程数字化信息服务系统及网络拓扑优化，全面提高企业的信息化、智能化水平，促进企业降本增效和绿色发展，推动行业的转型升级。而且数字化制造和生产已经在很多行业都有所应用，并有了长足的发展。

数字化工厂的总体设计主要体现在将车间整个生产活动实现全面数字化，其作业活动是建立在数字化、信息化、虚拟化、智能化、集成化基础上的工业生产。包括对它的外来产品计量、生产工艺的管理、生产环境的监测、生产过程的安全和最终效益等各种因素全方位的数字化覆盖，使生产车间实现整体协调优化，在保障可持续发展的前提下，达到提高其整体效益、市场竞争力和适应能力的目的。

目前，数字化制造技术正在深入发展，呈现以下趋势：一是正由 2D 向 3D 转变，形成以基于模型的定义和基于模型的作业指导书为核心的设计与制造；二是并行和协同，通过产品、工艺过程和生产资源的建模仿真及集成优化技术，提高多学科的设计与制造的协同性和并行性，实现产品和工艺设计结果的早期验证；三是数字化装配与维修；四是数字化车间与数字化工厂，这是数字化制造技术在车间和工厂集成应用及高效运营的全新生产模式，为高效物流实施以及精益生产、可重构制造等先进制造模式提供辅助工具；五是工业互联网，由机器、设备组、设施和系统网络组成，能够在更深的层面将连接能力、大数据、数字分析、3D 打印等结合，制造产业的数字化转型为数字科技的进步进而推动生产力发展和生产关系变革起到了至关重要的作用，因此数字化工厂的建设势在必行。

参考文献

[1]　宦菁. 数字孪生技术：打造经济的"数字底座"[J]. 风流一代，2021，70（10）.

[2]　周鑫，张森堂，高阳. 数字化工厂 3D 布局规划与仿真技术实践[J]. 航空动力，2021（01）：66-68.

[3]　任燕，许辉. 基于柔性生产线的数字化工厂系统搭建[J]. 现代制造技术与装备，2021，57（02）：81-82.

[4]　龚涛，杨小勇. 数字化工厂助力智能制造的探析[J]. 中国石油和化工标准与质量，2018，38（24）：46-47.

第 2 章

数字化工艺仿真概述

2.1 数字化工艺仿真介绍

2.1.1 什么是数字化工艺仿真

传统的工艺设计方法通常是根据预估的制造特性，参考设计侧提供的图纸、模型及相关设计要求，然后对制造处理工艺单元的产品尺寸、结构进行选择计算，并对工艺过程进行基于经验的分解。其不足在于，难以获取设计参数与生产设备之间的定量关系，是一种"黑箱"方法。

数字化工艺仿真是利用产品的三维数字样机，对产品的装配过程统一建模，在计算机上实现产品从零件、组件装配成产品的整个过程的模拟和仿真。这样，在建立了产品和资源数字模型的基础上，就可以在产品的设计阶段模拟出产品的实际生产过程，而无须生产实物样机，使合格的设计模型加速转化为工厂的完美产品。

2.1.2 数字化工艺仿真应用现状分析

数字化工艺仿真利用了计算机图形学技术及一些核心算法，涵盖机加工、铸造、表面处理、工装设计、生产布局、装配、检测等多个专业的工艺过程设计规划及仿真应用场景。

① 数字化仿真手段在装配环节的应用。虚拟装配是虚拟制造的关键组成部分，它利用计算机工具，通过分析、预测产品模型，对产品进行数据描述和可视化，做出与装配有关的工程决策，而不需要实物产品模型作支持，三维虚拟制造环境中装配过程如图 2-1 所示。它从根本上改变了传统的产品设计、制造模式，在实际产品生产之前，首先在虚拟制造环境中完成虚拟产品原型代替实际产品进行试验，对其性能和可装配性等进行评价，从而达到全局最优，缩短产品设计与制造周期，降低产品开发成本，提高产品快速响应市场变化能力的目的。

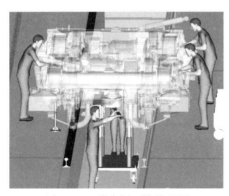

图 2-1 三维虚拟环境装配图

在虚拟环境中，依据设计好的装配工艺流程，通过对每个零件、成品和组件的移动、定位、夹紧和装配过程等进行产品与产品、产品与工装的干涉检查，当系统发现存在干涉情况时报警，并给出干涉区域和干涉量,以帮助工艺设计人员查找和分析干涉原因。虚拟制造最终要利用各种不同层次的仿真手段来模拟优化产品设计制造的过程,以达到一次设计成功的目的。

② 数字化工艺仿真在机械加工中的应用。机械加工工艺过程仿真,即是按照产品的加工工艺,在虚拟环境下重现产品的加工过程。机加工艺仿真主要解决工艺过程中刀具的碰撞、干涉、运动路径和机床后置代码生成等问题,其中斯沃数控仿真软件加工如图 2-2 所示。

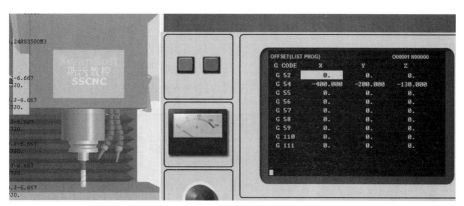

图 2-2 斯沃数控仿真加工图

机械加工过程仿真可以对机床-工件-刀具工艺系统的各种加工信息进行有效预测与优化,为实现实际加工过程的智能化创造条件,同时它也是研究加工过程的重要手段。机械加工过程仿真必须建立工艺系统的连续变化模型,然后用数学离散方法将连续模型离散为离散点,通过分析这些离散点的物理因素变化情况来仿真加工过程。包括几何仿真与物理仿真两方面的内容。几何仿真包含刀位轨迹验证,工件与机床、刀具的干涉校验;物理仿真包括对各种物理因素的分析与预测,主要有切削力、刀具磨损、切削振动、切削温度、工件表面粗糙度等。

③ 生产布局仿真。生产布局可以使用三维仿真软件实现生产线生产过程及产品在厂房内运输过程的模拟,提供三维虚拟环境中实现车间布局进行可视化仿真以及漫游功能,某生产线的生产布局工业仿真如图 2-3 所示。其对制造资源(包括人、机、料)在空间上密切有机结合,时间上适当连接,在布局设计的过程中考虑物流因素,选择搬运的最佳路线,减少物料搬运工作量,不仅能降低其过程中的运输成本,还能加快生产流程,最终达到提高生产能力和降低企业生产成本的目的。

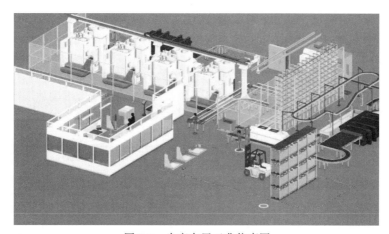

图 2-3 生产布局工业仿真图

生产线仿真特点：基于 3D 生产线规划方案仿真，验证布局方案对产能影响分析；确定生产线极限产能；确定人员需求；仿真确定故障之后生产线的调控应对能力；评估不同生产方案以确定最优最切合实际的方案；确定最合适的生产策略；缓存、设备/人员利用率分析；考虑排产计划、设备综合率（OEE）、存储区设置以及生产纲领等因素综合评估并给出优化改善建议。通过对整个工厂进行仿真，可以及早发现规划中的缺陷和错误，使工厂规划质量得到保证，提高规划的效率和效果，预知未来工厂的运行状况和极限能力。

④ 焊接仿真。通过焊接机器人仿真模拟能实现焊接机器人虚拟示教、焊接机器人工作站布局、焊接机器人工作姿态优化，确认系统方案、焊接机器人型号、焊接机器人/工件安装位置、焊接机器人动作范围和可达到性等，进而对夹具提出修改意见等全面、系统的仿真应用；通过工业机器人离线编程仿真方法进行产线控制。机器人点焊仿真模拟如图 2-4 所示。

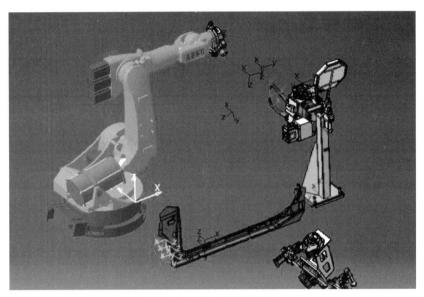

图 2-4　机器人点焊仿真图

焊接作为应用最广泛的材料连接方式之一，未来应关注焊接过程中的应力、温度、变形来综合优化焊接过程工艺，同时引入多智能体调控技术将感知与学习方法、建模和规划、群体行为控制等方面与焊接智能产线结合。

⑤ 人机工程仿真。在计算机中建立人、机、环境的数字模型，结合人体生理特征和姿态动作，仿真人机交互的动态过程，并利用人机工程学的各种评价标准和算法，对产品开发过程中的人机工程因素进行量化分析和评价。按照工艺流程进行装配工人可视性、可达性、可操作性、舒适性以及安全性的仿真。人机操作仿真进行姿态分析如图 2-5 所示。

例如汽车整车制造往往有几百个工位，各工位状况不尽相同，要准确地进行人机仿真，提高仿真的真实度及分析的准确性避免仿真的不必要重复，必须在仿真之前获取工位信息。工位信息储存了本工位的基本信息以及各操作步骤的详细信息，主要包括三个方面：

a. 岗位信息：车间及地面信息，工作台的高度，货架、料箱的高度，安装时有无定位销、导向柱、夹具等辅助工具，哪些部件在此工位之前必须安装，哪些部件可以调整安装顺序等。

b. 现场作业操作信息：操作时间，操作参考位置，操作类型，如人是否能进入车内操作，单手操作还是双手操作，是否可进行盲操作等。

c. 零/部件及工具的信息：零/部件的重量，工具所需转矩，套筒长度、厚度等。

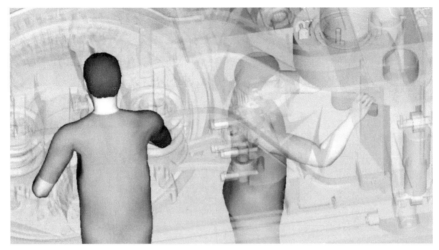

图 2-5　人机操作仿真图

⑥ 其他工艺仿真。其他工艺类型包括铸造、喷涂、检测等典型工艺仿真，也可以通过三维可视化的仿真实现。

2.1.3　数字化工艺仿真发展趋势

数字化工艺仿真的发展，需要需求牵引和技术推动，随着科技发展，数字仿真在深度和广度上需要相应做进一步扩展；为了持续发展数字仿真技术，必须增强仿真产业化的力度。仿真技术沿着以数字化、虚拟化、智能化、网络化、服务化和普适化为现代化特征的方向发展，必然能够持续创造一系列高新技术产业的仿真硕果，必然能够支持数字化制造业掀起第三次工业革命，必然能够安全而又经济有效地完成时代赋予仿真的使命。数字化工艺仿真发展从以下方式介绍：

（1）基于知识的仿真

目前的仿真优化系统要求用户对仿真优化算法和仿真建模工具有较深入的了解，才能够开展工程应用。如各种仿真优化算法存在大量运行参数需要选择，仿真实验也需要设置各种参数，如仿真开始时间、仿真结束时间、仿真迭代次数和"预热"时间等，任何一项参数的变动对仿真优化结果都会产生影响，要求非仿真专业人员来完成这些设置几乎是一件不可能的事。

因此，利用专家知识系统作为辅助，协助普通人完成这些专业工作是一个可行的实现方法。可通过如下步骤来实现：OWL 语言建立工艺知识；基于本体工艺知识语义检索，语言相似度模型基础上提出综合语义间距、重合度、纵深和密度的相似算法；分析基于知识的数字化工艺仿真流程进行实例验证。使用一个集成化的三维数字化实体模型表达完整的产品定义信息，可以作为制造过程中的唯一依据，MBD 三维数字化产品定义技术不仅使产品的设计方式发生了根本变化，不再需要生成和维护二维工程图纸，而且它对企业管理及设计下游的活动，包括工艺规划、车间生产等产生重大影响，引起了数字化制造技术的重大变革，基于数据源的设计与仿真工具的有效结合可实现设计分析一体化，如图 2-6 所示。

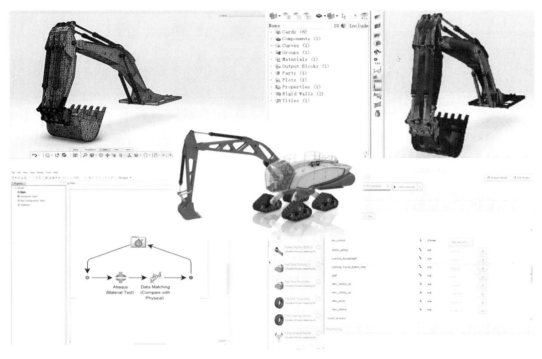

图 2-6　仿真分析图

（2）应用机器学习

工艺仿真优化的应用目标是为用户提供一个可视化展示和辅助决策支持工具,而实际工程设计问题一般比较复杂,涉及因素较多,完全依靠传统手段来进行决策很难考虑周全,随着机器学习等计算机技术的发展,将领域知识引入仿真优化系统中,建立决策支持系统,充分发挥人的创造性和计算机的计算能力,实现人机协同决策功能。机器学习框架如图 2-7 所示。

具体可采用如下步骤实现:解析产品 CAD 特征形成输入层;工艺分类和工艺仿真过程形成规划隐藏层,通过监督学习训练、聚合和分类组合模型;通过输入边界条件解析形成工艺仿真过程自动化和仿真优化报告自动化。

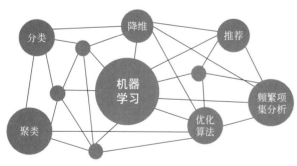

图 2-7　机器学习框架图

（3）结合虚拟调试及 VR 技术形成虚实互相提升

虚拟现实是时下比较热门的技术,但是很多人对仿真与虚拟现实都存在认识上的误差,认为二者是一回事。其实,仿真技术与虚拟现实技术有着一定的相似点,但也存在差异性。

纵观当下工业仿真软件,可视化、智能化的仿真已成趋势,结合手柄、动作捕捉套件、力反馈机械臂等硬件在工艺仿真中运用虚拟现实技术,不仅能更加形象直观地显示仿真全过程,而且会让计算机与人之间的沟通更人性化,增强仿真系统的寻优能力,如图 2-8 所示。

图 2-8　虚拟调试与 VR 结合图

使用机器人和控制单元虚拟调试工艺手段优点有：结合机器型号 RCS 进行准确的机器人仿真；使用生产 I/O 和生产逻辑进行模拟；使用虚拟示教器对虚拟机器人进行编程；对原生语言机器人程序进行模拟和验证；支持硬件在环仿真。

（4）六大趋势将促成工艺仿真边界融合

以企业概念设计到生产交付的业务视角来看，为了保障设计、工艺、工程、制造等环节的连续流畅还需要做到如下 6 个融合：

① 设计与工艺仿真协同一致。强调设计与制造的协同和并行，在产品设计的早期阶段就要考虑产品的工艺性，及早发现问题，而不是等到实际产品生产出来后再发现问题。同时，利用数字化手段，建立 Digital Twin，实现实际产品同数字化镜像之间的信息交互，从而不断优化产品和服务。在数字化制造技术的帮助下，设计人员和工艺人员可以在一个统一的虚拟平台上对自己设计的产品及工艺进行设计和验证，使企业的设计、工艺、制造能力相互匹配相互验证。

② 工艺仿真与有限元分析协同一致。生产过程中除了通用空间位置仿真分析和资源需求等仿真外，还伴随制造过程中力的变化，载荷的变化，热、振动等因素影响，需要将不同专业仿真分析和工艺过程结合起来。

③ 工艺仿真与工艺规划设计协同一致。将工艺环节 BOM 与工艺路线规划和仿真结合优化加工及装配过程作业序列，不仅验证了工艺规划合理性，同时利用仿真过程更利于工艺设计的颗粒进一步细化。

④ 工艺仿真与工装设计协同一致。工艺仿真与工装设计结合，提升工装易用性和减少工装试制成本。

⑤ 工艺仿真与产线设计协同一致。工艺仿真涉及比较多的是制作单元仿真，将产品生产工程与产线设计乃至工厂设计协同起来，提高产线利用率，规避瓶颈工序使产线平衡，产能达优，从而减少 NPI（新产品导入）时间。

⑥ 工艺仿真与三维作业指导关联一致。仿真即服务，仿真即过程，将工艺仿真过程输出三维作业指导服务车间现场，消弭二维指导带来的传递误差，提高生产质量。

2.2　机器人工艺仿真介绍

2.2.1　什么是机器人工艺仿真

第一台工业机器人的诞生，正式开启了"机器换人"的历史，在工业化历史中，从没有出现过因为使用机器造成的长期的、大规模的失业，相反，由于机器人的出现，使得人机关系也被提升到了新的高度。大规模的机器人上线，高自动化率的产线的广泛应用，使得一系列专业的机器人仿真软件应运而生。

工业自动化的市场竞争压力日益加剧，客户在生产中要求更高的效率，以降低价格，提高质量。如今让机器人编程在新产品生产之始花费时间检测或试运行是行不通的，因为这意味着要停止现有生产以对新的或修改的部件进行编程，不先验证到达距离及工作区域，而冒险制造刀具和固定装置已不再是首选方法。现代生产厂家在设计阶段就会对新部件的可制造性进行检查，在为机器人编程时，离线编程可与建立机器人应用系统同时进行。

在产品制造的同时对机器人系统进行编程，可提早开始产品生产，缩短上市时间。离线编程在实际机器人安装前通过可视化及可确认的解决方案和布局来降低风险，并通过创建更精准的路径来获得更高的部件质量，通过计算机对实际的机器人系统进行模拟的技术即为工业机器人工艺仿真技术。机器人仿真系统可以通过单机或者多台机器人组成工作站或生产线，也可以在制造单机和生产线产品之前模拟出实物，两台工业机器人协同工作模拟如图 2-9 所示。

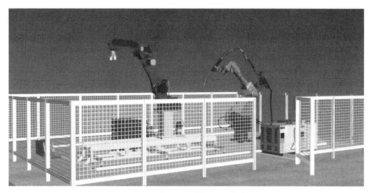

图 2-9　工业机器人协同工作模拟图

2.2.2　机器人工艺仿真的步骤

（1）Process Designer 操作

① 创建项目。创建新项目，设定项目根目录，项目名称与根目录的命名、根目录资源文件夹结构不同的厂商会有不同的执行标准，参照执行即可。

② 创建资源节点。创建项目资源节点，一般情况下均包含 Libraries（库文件）、Product（加工零件文件）、Process（工艺资源文件）、Working Folder（工作文件夹）、StudyFolder（程序示教文件夹）几个资源节点文件夹，如图 2-10 所示。当然仿真执行标准中会有对资源节点命名、目录结构的详细规定，这里暂不介绍。

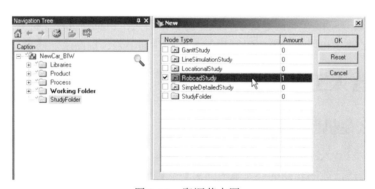

图 2-10　资源节点图

③ 导入资源数模。在导入仿真资源数模前需要对数模文件格式进行转换，将其全部转换为带有*.cojt 壳文件的*.jt 格式文件，仿真资源均以库文件形式被导入，即带有 Library 后缀的库文件。

④ 导入工件数模。工件数模在导入之前也需要事先将其转化为带有*.cojt 壳文件的*.jt 格式文件，导入后的工件资源也是以库文件形式显示。导入的工件资源需要被分配到 Product 文件夹下创建的工件数模资源节点下，以便后期进行仿真加工应用，如图 2-11 所示。

⑤ 创建机器人焊点坐标数据*.csv 格式文件。打开提取的机器人焊点数据的 Excel 电子表格文件，可以看到每一个焊点坐标数据；将机器人焊点坐标数据进行合并，使其在同一个表格中显示。先点选要显示焊点坐标数据的单元格，然后点击"公式"菜单，点击"文本"命令按钮下的小三角，在下拉菜单中点选"CONCAT"；在弹出的函数参数对话框中 Text1 后点选焊点 X 坐标值所在的单元格，Text2 后输入"，"，Text3 后点选同一焊点 Y 坐标值所在的单元格，Text4 后输入"，"，Text5

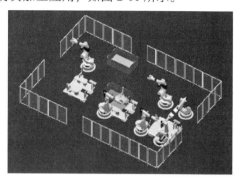

图 2-11　数模导入图

后点选同一焊点 Z 坐标值所在的单元格，点击"确定"按钮；可以看到在相应的单元格中机器人焊点坐标值按照规定的格式合并显示；使用电子表格的拖动快捷操作，使得所有机器人焊点坐标数据完成合并。

新建*.csv 机器人焊点数据模板文件，仿真人员填写 Class、ExternalID、Location name、Location 四个项目。其中 Class 为焊点类型，均为 PmWeldPoint，每行必须都填写；ExternalID 为焊点外部身份识别号，每行必须都填写，但不能重复，且不能使用中文字符，或参照仿真操作标准填写；Location name 为焊点名称，按需求名称填写，或参照仿真操作标准填写；Location 为焊点坐标数据，注意和焊点名一一对应。按照要求填写完 Class、ExternalID、Location name 三项后，复制合并后的机器人焊点坐标数据，然后在 Location 项的相应单元格处右击鼠标，在弹出的快捷菜单中点击"选择性粘贴"，在弹出的对话框中点选"数值"，然后点击"确定"按钮。机器人焊点坐标数据被成功复制，点击"保存"按钮将数据进行保存，保存后的*.csv 格式文件即可导入 Process Designer 软件，焊点坐标数据填写完成，如图 2-12 所示。

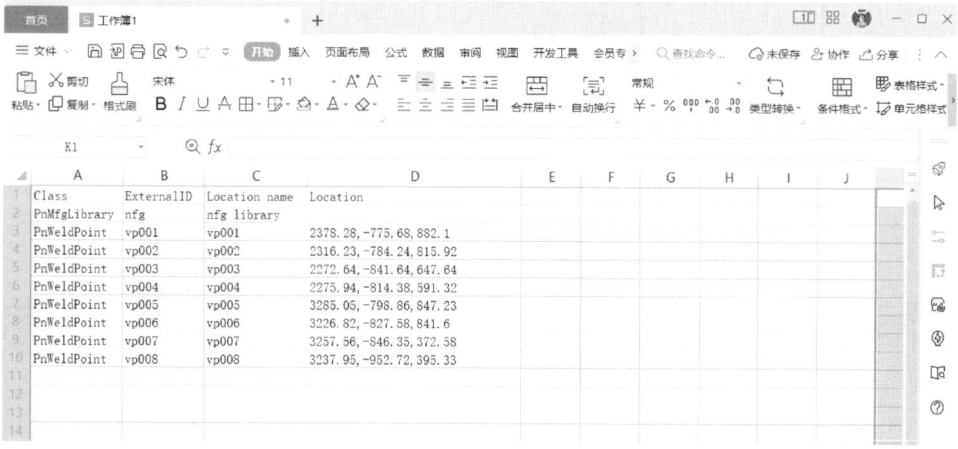

图 2-12　焊点坐标数据图

⑥ 导入焊点数据。PD 中机器人焊点信息通常需要从外部导入，支持导入的数据文件格式包括：*.xml、*.ppd、*.csv。其中，*.csv 格式机器人焊点文件制作方法已介绍，这里不再赘述。导入的机器人焊点数据同样以库文件形式显示，使用时需要将其投影到焊接板件上。

⑦ 焊点与工件关联。这一步骤是将导入的机器人焊点信息按照设定的距离进行搜索，然后将焊点信息自动分配到距离内搜索到的所有工件上，如图 2-13 所示。

⑧ 创建工艺文件。工艺文件是 PD/PS 软件仿真数据的关键，创建的工艺文件成对出现，粉色的工艺资源节点用以存放工艺操作信息，蓝色的工艺资源节点用以分配仿真数模资源信息。工艺资源一般按照"线体"→"区域"→"工作站"→"仿真资源（操作）"的层次结构创建。创建完成后需要对粉色工艺操作文件与蓝色工艺资源文件进行同名更新操作，如图 2-14 所示。

图 2-13　焊点与工件关联图

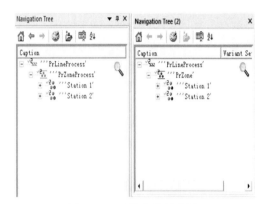

图 2-14　工艺文件创建图

⑨ 创建操作库。创建标准操作库，并在操作库文件资源节点下创建需要的操作，如夹具打开关闭操作、机器人焊接操作、工件移动操作等，同时为各个操作设置操作参数，如图 2-15 所示。操作文件添加完成后，再将创建的各个操作按照工艺顺序依次分配到工艺操作文件中，分配完成后在"工艺编辑"对话框中进行工艺操作编辑。

图 2-15　操作库创建图

图 2-16　资源分配图

⑩ 零件分配到工位。在"工艺编辑"对话框中将焊接板件按照焊接工艺顺序依次分配到各个工位中，然后按工艺要求依次对区域、工位进行工艺编辑。

⑪ 焊点分配到工位。根据机器人初始焊接工艺规划，将焊点信息分配到相应的工位中，每个工位焊接各自的焊点，多工作协同完成加工任务。

⑫ 设置工作文件夹。设置工作文件夹，并在工作文件夹中创建装配树，装配树中可以显示所有的工艺流程，直到最终的加工板件为止。

⑬ 资源分配到资源文件。在创建的蓝色工艺资源文件下的"站体"节点下创建仿真资源信息，然后将导入的仿真数模资源分配到工艺资源节点中，如图 2-16 所示。

⑭ 工作站布局。按照布局图将导入的仿真资源放置到指定的位置，当然这一步也可以在 Process Simulate 软件中完成。

⑮ 创建示教文件。在 StudyFolder 资源节点下创建机器人示教文件 RobcadStudy，将工作站工艺操作文件分配到示教文件中，至此，PD 软件中的仿真操作基本完成。

（2）Process Simulate 操作

① 焊点投影。机器人焊点投影操作是将焊点信息附着到焊接板件上，如图 2-17 所示，并以坐标系形式显示焊点位置，且焊点坐标轴的 Z 轴与焊接板件的曲面垂直，对焊接板件进行移动时，附着的焊点信息将跟随板件一同移动。

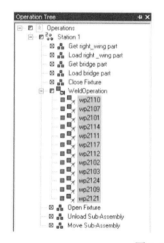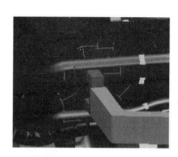

图 2-17　焊点投影图

② 焊枪安装到机器人。将点焊焊枪安装到对应的机器人上，如图 2-18 所示。

③ 零件分身。多工位连续焊接时需要对同一工件进行分身操作，即将同一个工件镜像出多个个体，每个个体可以放置到不同的工位上，以便完成加工任务。

④ 零件安装到夹具。将机器人焊接板件安装到焊装夹具上，存在多个工位的需要将焊接板件分身安装到相应工位的焊装夹具上。

⑤ 焊点分配到操作。将每个工位需要焊接的焊点分配到机器人焊枪操作资源节点 Weld Operation 下。

⑥ 示教编程。设置机器人焊枪 Weld Operation 的操作工艺，并将其添加到路径编辑器（Path Editor）中，使用焊点姿态调整命令对焊点姿态进行调整，使得机器人能够实现对焊点的焊接，如图 2-19 所示，同时为机器人示教添加 Home 点、过渡点。

图 2-18　焊枪安装到机器人

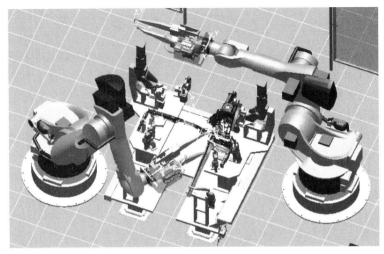

图 2-19　焊枪编程图

⑦ 仿真运行。示教完成后，可以在路径编辑器中进行机器人焊接操作仿真，如图 2-20 所示。

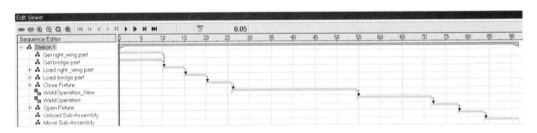

图 2-20　仿真运行图

2.2.3　机器人工艺仿真的价值

机器人工艺仿真能够模拟机器人在真实环境中的工作情况,运用逻辑驱动设备技术和集成的真实机器人仿真技术，针对不同机器人有专门的示教盒功能进行精确的离线编程,基于实际控制逻辑的事件驱动仿真使得虚拟调试成为可能,大大提高了机器人离线编程效率和质量,大大减少了真实环境调试的时间和成本。

通过机器人工艺仿真，可以设计生产单元布局及验证工艺序列；创建机器人轨迹,检查碰撞与可达性；应用机器人控制器语言开发与验证完整的机器人程序；测试 Safety Interlocks；完成系统诊断测试。

利用机器人工艺仿真，用户能够设计和仿真高度复杂的机器人工作区域，能够简化原本非常复杂的多机械手区同步化过程。这些价值具体体现在：在计划的早期阶段发现生产问题；减少工程变更、提前工时；优化工作单元布局设计，最大限度地利用资源；增加和改进设备和工具的可重用性；验证和优化机器人程序以满足规范要求；提高过程质量、成熟度和信心水平；改进流程操作的管理和分配；减少车间安装、调试和启动时间；降低生产成本,加快上市时间；减少对调试硬件可用性的依赖，减少生产停机时间，减少设备损坏；提高装配制造操作的灵活性等。

2.3　Process Simulate 软件介绍

2.3.1　Tecnomatix 软件简介

　　Tecnomatix 是 Siemens PLM Software 提供的数字化制造解决方案，是一套全面的数字化制造解决方案组合，可以对制造以及将创新构思和原材料转化为实际产品的流程进行数字化改造。它连接了制造工艺与产品工程的数据，实现了产品的加工与创新。软件系统包含工艺布局和设计、工艺模拟和验证、产品制造及执行设计等整个生产流程，设计基础是开放式产品生命周期管理（PLM）技术。

　　Tecnomatix 在高科技电子、机械、航空与国防、汽车等行业取得了广泛的应用。Tecnomatix 包含七大功能模块：零件规划与管理验证、装配规划与验证、自动机械与自动化规划、工厂设计与优化、质量管理、生产管理、制造流程管理。

　　① 零件规划与管理验证。Tecnomatix 零件规划和验证（Part Planning and Validation），可对零部件和用来制造这些零件的工具制订生产工艺，如 NC 编程、流程排序、资源分配等，并对工艺流程进行验证。具体应用包括创建数字化流程计划、工艺路线和车间文档，对制造流程进行仿真，对所有流程、资源、产品和工厂的数据进行管理，为车间提供 NC 数据等，提供了一个规划验证零件制造流程的虚拟环境，有效缩短了规划时间，并大大提高了机床利用率。

　　主要产品：零件制造规划器、加工线规划器、冲压线仿真、虚拟机床、连接到生产。

　　② 装配规划与验证。Tecnomatix 装配规划和验证（Assembly Planning and Validation），可提供一个虚拟制造环境来规划验证和评价产品的装配制造过程和装配制造方法，检验装配过程是否存在错误，零件装配时是否存在碰撞。它把产品、资源和工艺操作结合起来分析产品装配的顺序和工序的流程，并且在装配制造模型下进行装配工装的验证、仿真夹具的动作、仿真产品的装配流程，验证产品装配的工艺性，达到尽早发现问题、解决问题的目的。

　　主要产品：Jack 和流程人体仿真、流程仿真（Process Simulate，界面见图 2-21）、流程设计器、基于 Web 的 BOP 管理器（Web-based BOP Manager）、制造流程规划器（Teamcenter Manufacturing Assembly Author）。

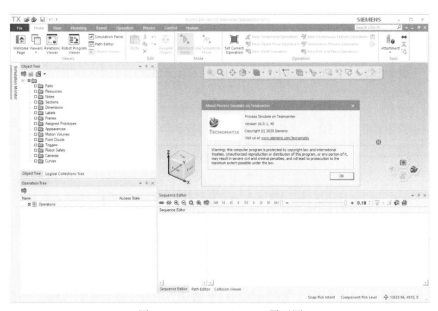

图 2-21　Process Simulate 界面图

③ 自动机械与自动化规划。Tecnomatix 的机器人与自动化规划解决方案提供了用于开发机器人和自动化制造系统的共享环境。此解决方案能够满足多个级别的机器人仿真和工作单元开发需求，既处理单个机器人和工作台，也能处理完整的生产线和生产区域。

主要产品：流程设计器、流程仿真、Robcad（界面见图 2-22）。

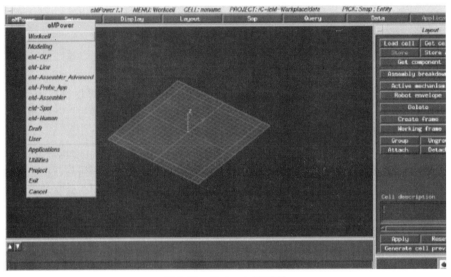

图 2-22　Robcad 界面图

④ 工厂设计及优化。Tecnomatix 的工厂设计和优化解决方案提供基于参数的三维智能对象，能更快地设计工厂的布局。通过利用虚拟三维工厂设计和可视化技术进行工厂布局设计，并能对工厂物流进行分析和优化，产量仿真，提高在规划流程中发现设计缺陷的能力，不至于等到进行工厂现场施工才发现问题，物料流、处理、后勤和间接劳动力成本都可以使用材料流分析和分散事件仿真得到优化。

主要产品：Factory CAD、Factory Flow（界面见图 2-23）、工厂仿真、关联环境编辑器。

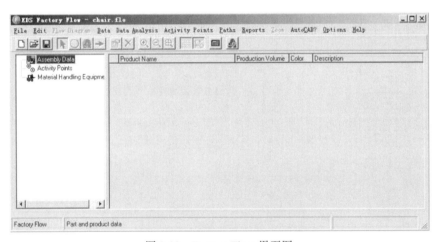

图 2-23　Factory Flow 界面图

⑤ 质量管理。Tecnomatix 质量管理解决方案将质量规范与制造和设计领域（包括流程布局和设计、流程仿真/工程设计以及生产管理系统）联系起来，从而确定产生误差的关键尺寸、

公差和装配流程。

　　主要产品：尺寸规划与验证、误差分析（VSA，界面见图 2-24）、CMM 检查。

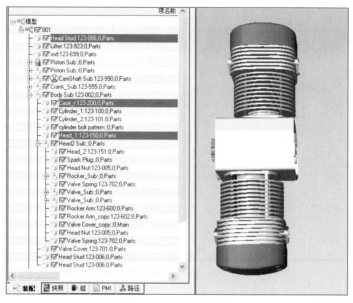

图 2-24　VSA 界面图

　　⑥ 生产管理。生产管理解决方案将 PLM 扩展到了制造车间，可实时收集车间数据，优化生产管理。涉及的领域包括：制造执行系统（MES）——用于监视正在进行的工作、控制操作和劳动力，并反馈生产数据；人机界面（HMI）及管理控制和数据采集（SCADA）——从工厂收集设备之类的实时信息，反馈给上游的系统。

　　主要产品：MES（Simatic IT 界面见图 2-25）、HMI/SCADA、Factory Link Supervisory Control and Data Acquisition。

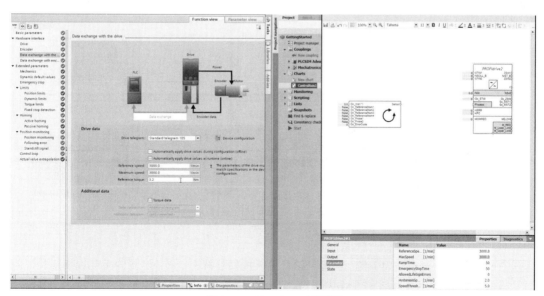

图 2-25　Simatic IT 界面图

⑦ 制造流程管理。制造流程管理是 Teamcenter 的一个功能模块，主要是对制造数据、过程、资源以及工厂信息进行管理，为流程管理建立基础。

主要产品：资源管理、Teamcenter 制造访问（界面见图 2-26）、Teamcenter 制造发布。

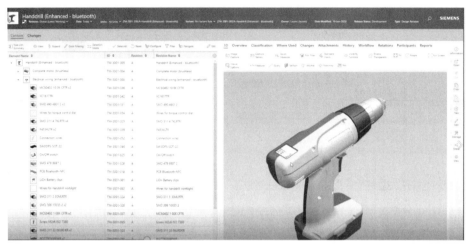

图 2-26　Teamcenter 界面图

2.3.2　Tecnomatix 软件的主要解决方案简介

Tecnomatix 解决方案用来支持并改善多种行业（如汽车、重型设备、国防等）的特定流程，如图 2-27 所示。Tecnomatix 为企业利用业界最佳生产实践提供了可能性。在 Tecnomatix 知识管理环境里，企业可以根据它们自身的需要，轻松自如地配置数据结构、工作流程以及业务规则。而且，企业的最佳实践可以通过产品特性、资源库、工艺模板和车间布局得到体现及重复使用。

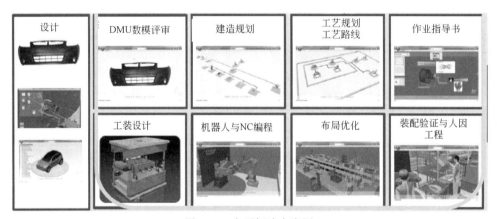

图 2-27　主要解决方案图

（1）Tecnomatix 汽车行业解决方案

Tecnomatix 为汽车动力系统、白车身以及总装提供独特的、量身定制的工艺规划及验证的解决方案，如图 2-28 所示。对于动力系统，Tecnomatix 解决方案可用于零部件加工、装配规划、过程仿真等过程；对于白车身，Tecnomatix 帮助工程师设计与验证点焊和涂漆操作，汽车制造商可以针对整条生产线或单个单元配置机器人，人因工程学分析，定义排程次序，以及生产线性能最优化；对于总装，Tecnomatix 允许汽车制造商对装配车座、仪表盘和挡风玻璃等流程进行优化，用户还可以从人因工程学方面改进装配任务实施过程，并确保工作次序的调整满足生产效率的要求。而且，通过使用 Tecnomatix 生产管理软件，汽车制造商可以确保实际生产按照工艺规划进行，并且实际作业与原计划的任何偏差都会反馈到后续的规划过程中，通过相关设备，例如 IPLC 和条形码扫描仪，来收集实时生产信息，跟踪与追溯订单。

图 2-28　汽车装配车间图

（2）Tecnomatix 汽车供应商解决方案

Tecnomatix 汽车供应商解决方案通过管理汽车制造商与供应商之间的数据共享，帮助汽车供应商在协同环境中与原始设备制造商（Original Equipment Manufacturer，缩写为 OEM）合作。使用 Tecnomatix 知识管理系统，供应商可以通过访问 OEM 的数据系统（图 2-29），集成到 OEM 的扩展型企业中。这样不但有助于确保供应商对 OEM 的变更和 RFP 做出快速反应，而且 OEM 可以更好地应对源自供应商的变更，这种交互式的协同使供应商能以更加可靠的方式满足其 OEM 伙伴的需求。

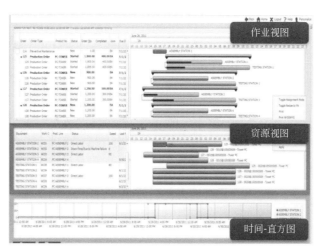

图 2-29　汽车数据信息管理图

Tecnomatix 支持每一个特定行业所特有的产品生命周期流程。例如，汽车 OEM 可以利用

Tecnomatix 来改进它们的白车身动力系统、总装、涂漆和车间设计流程。

（3）Tecnomatix 航空与国防工业解决方案

航空与国防工业制造商面临着独特的挑战。由于航空器和武器系统具有较长的生命周期，因此这些企业需要应对更广泛的供应链、更严格的维护要求和质量要求、独特的生产设施安排以及特殊的数据管理需求。

Tecnomatix 帮助这些制造商实施可定制的知识管理系统，以满足大型供应链和原有系统的数据管理要求。Tecnomatix 还提供用来验证产品维护程序的可行性及高效性的人因工程学解决方案，针对航空器制造行业特点度身定制车间布局解决方案，以及支持六西格玛和精益生产的质量解决方案。

（4）Tecnomatix 电子行业解决方案

印制电路板和整机组装产品企业可以使用Tecnomatix 电子行业制造解决方案创建、测试、优化工艺流程以及管理新产品的研发及投放市场。OEM、合同电子制造商以及电子制造服务提供商可以在一个或多个外包的规划与设计制造流程方面开展协同。该解决方案有助于 OEM、承包商和服务提供商协调一致，以尽可能准确、快速而且低成本地投放新产品。

（5）零件制造

从刀具设计人员和制造工程师到数控编程员以及生产人员，只有他们齐心协力，才能高效率地将零件制造出来。Tecnomatix 零件制造解决方案将所有这些用户集成到单一的可管理环境中，如图 2-30 所示。在该环境中，工装设计人员可以更高效地定义刀具及工夹具，制造工程师可以提前创建更有效的工艺规划，数控编程员可以更快、更好地完成编程工作，生产人员也可以及时获得与每一个工步相关数据和信息。其结果就是：零件制造流程发挥了最大的潜能，能够以尽可能快的速度通过最精益的过程制造出质量上乘的零件。

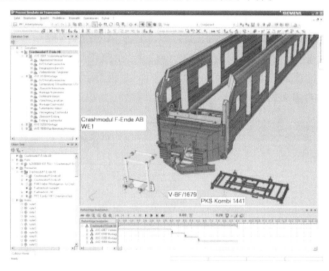

图 2-30 零件制造应用图

（6）装配规划

在当今的制造环境下，投放市场和批量生产的时机是能否取得成功的关键因素。那些能够在最短的时间内实施最有效而且最灵活的规划流程的企业，最有可能在其行业里获得竞争优势。

Tecnomatix 装配规划解决方案（图 2-31）帮助企业快速定义、评估制造过程方案，以期达到产品装配的最佳方案。Tecnomatix 过程规划解决方案融合了知识管理与流程改善应用程序，从而确保制造商可以更早地开始生产，更快地推出新产品以及更好地对变更做出反应。

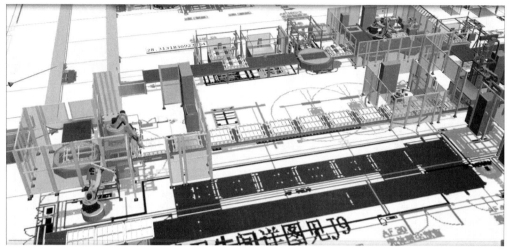

图 2-31　装配规划应用图

（7）资源管理

管理资源数据，即融合在机床、工装夹具、机器人、焊枪以及工艺模板等资产中的信息和数据，是一项具有挑战性的工作，通常，这种类型的数据分散在企业里各个不同的角落，而应用程序无法访问到这些数据。制造工程师常常因为无法查找到所需的可用资源数据，而迫不得已开发新的资源计划，不仅浪费了宝贵的时间，而且资源库的库存也无谓地迅速增加。

Tecnomatix 资源管理解决方案在企业资源库里把所有与生产资源相关的信息用图形化的方式储存起来，如图 2-32 所示。该解决方案帮助企业定义一套全面的资源架构，各类资源在该架构下进行分类，并向用户提供工具以实施快速参量查询，在三维图形环境下查找可用的资源，比照传统的文字记录要容易得多。

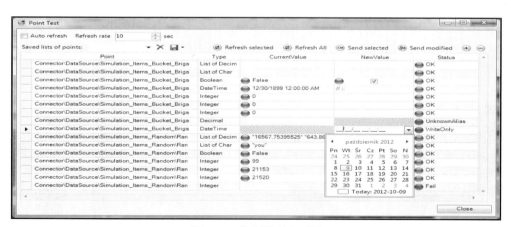

图 2-32　资源管理应用图

资源管理解决方案紧密集成在 Tecnomatix 知识管理环境之中，其管理的数据可用来改进零件制造、工装设计、过程规划、机器编程、生产协同和其他过程。

（8）车间设计与优化

生产并出售更多的产品并不总是意味着企业能获得更多利润，如果生产效率低下，制造更多的产品会迫使企业付出更多的成本用于补偿出错成本。Tecnomatix 车间设计与优化解决方案使得企业可以更快地创建工厂模型，如图 2-33 所示，并确保生产线能以最高的效率运作。由于工程师可以在虚拟工厂中看到模拟的结果，因此避免了在实际生产阶段发生资源浪费的问题。

图 2-33　车间设计应用图

（9）优化物流（图 2-34）

降低物流成本并提高物流效率对于工厂整体效率而言至关重要，Tecnomatix 车间设计与优化解决方案里的物流优化工具 Factory Flow，使得工程师可以基于物料流动的距离、频率和成本等基础数据，并考虑零部件加工路线、物料存储要求和运送设备要求等因素来评估、优化车间布局。分析结果有助于改善物料流动，降低间接人工成本并避免昂贵的质量成本。

（10）人因工程分析

对企业而言，人因工程学对产品设计、生产环境和工艺流程的影响深远，工人在更安全、生产效率更高的环境中能制造出质量更好、成本更低的产品。Tecnomatix 人因工程分析解决方案通过改善人因工程学因素，帮助企业改进产品设计、制造任务和产品维护过程。如图 2-35 所示，该解决方案使用一个数字模拟工人 Jack，用户可以将它插入虚拟环境中，分配任务给它并且分析其行为。Jack 可以告诉工程师它们能看到和接触到什么，它们的舒适程度如何，它们受到伤害的条件及程度，它们什么时候感到疲惫以及其他重要的人因工程学信息。

图 2-34　物流优化应用图

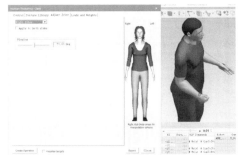

图 2-35　人因工程分析应用图

（11）产品质量规划（图 2-36）

随着制造商将改进产品质量放在非常重要的地位，六西格玛和精益制造活动得到越来越广泛的应用，尽管如此，许多制造商在向质量改进小组提供他们需要的质量信息时，仍然存在困难。

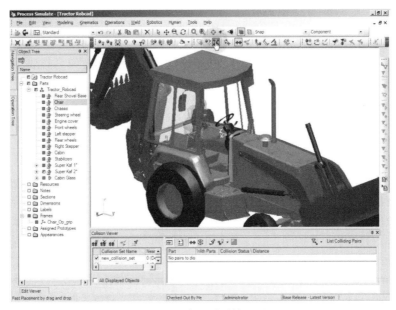

图 2-36　产品质量管理图

　　Tecnomatix 产品质量规划解决方案帮助用户在图形化的环境中分析尺寸公差并共享质量数据，从而帮助制造商向六西格玛和精益生产目标迈进。通过验证产品零部件在数字化环境中能精确地相互配合，制造商可以避免由于装配超差产生昂贵的制造费用问题，而且使质量信息更易于访问与解读，企业可以更快而且更具成本效率地达到质量目标。

　　（12）生产管理（图 2-37）

　　Tecnomatix 生产管理解决方案是可扩展的车间执行方案，使得制造企业可以降低成本、提高灵活性并积累制造经验，该解决方案利用了制造执行系统（MES）、实时流程监控（SCADA/HMI）和流程规划功能。

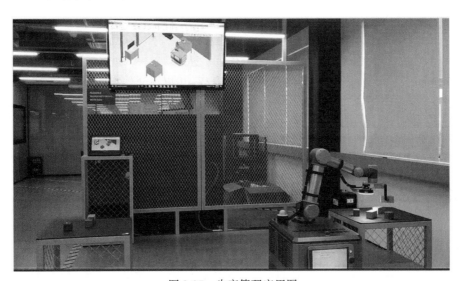

图 2-37　生产管理应用图

2.3.3　Tecnomatix 的优势

与其他数字制造解决方案不同的是，Tecnomatix 可以提供一整套行业经验丰富的通用应用软件，可以支持整个制造过程的各个环节（计划、设计、确认、执行），这些灵活的、开放式的应用软件可以单独使用，也可以与 Teamcenter 开放式制造数据平台集成，以完善重要的生产活动。另外，Tecnomatix 解决方案还有以下优势：

（1）技术优势

Tecnomatix 数字化制造解决方案，在产品提供方面处于领先地位，以此为后盾的 Tecnomatix 数字化解决方案则建立在 PLM 部署的实际标准之上。

（2）企业级可扩展基础，开放式生命周期架构

整个 Siemens PLM Software 产品组合都建立在开放式体系结构基础之上，从而使 Tecnomatix 解决方案可以与任何产品数据管理（PDM）系统集成。这种灵活性不但可以转化成更加经济高效的部署，而且可以为与其他关键企业系统的集成提供无与伦比的灵活性。

（3）可靠的数据和流程控制

Tecnomatix 的数据和流程管理解决方案提供了工厂、流程、资源和产品配置之间的可见性和可靠性，并在变革过程中统一支持实时实现的一致性和协调性。这样可以减少混乱，降低复杂性，明确责任，降低新产品推出过程中和生产环境发生不可避免的变化期间存在的成本增加风险。

（4）行业定制的价值框架

Tecnomatix 解决方案适合于支持和改善各行各业特有的流程，如汽车、重型设备、航天、国防、高科技电子等领域，借助 Tecnomatix，可以轻松使用业界最佳实践来实施数字化制造解决方案，在 Tecnomatix 知识管理环境下，企业可以随时根据需要对数据结构、工作流程和业务规范进行调整。

（5）强大有效的系统级分析

通过可控的共享环境实现优化，使工程师们可以对来自任何方面的变化快速做出反应。对系统设备的行为和逻辑进行建模以实现全面的生产线级优化，这样就可以通过动态交互减少错误，这一能力解决了对高度自动化且可配置的系统的需要，从而实现在高度混杂的生产环境中优化产量所需的灵活性。

（6）为业务决策提供知识基础

利用 Tecnomatix 用户可以将工厂工具与仿真工具结合起来，进而能够理解具体工厂布局配置中的实际工作流程和原材料流程。通过这种方法，可以用交互方式分析多个制造流程和布局方案，从而为明智决策提供情报基础。

（7）真正的并行工程环境

由于生命周期知识来源单一，因此可以在此基础上合理调配和利用工程设计资产，优化和同步制造交付成果，以降低复杂性，加快创新产品上市的步伐。

2.3.4　Process Simulate 应用及优势

Process Simulate 是一个集成的在三维环境中验证制造工艺的仿真平台，其应用启动界面如图 2-38 所示。在这个平台上，工艺规划人员和工艺仿真工程师可以采用组群工作的方式协同工作，利用计算机仿真的技术手段模拟和预测产品的整个生产制造过程，并把这一过程用三维方式展示出来，从而验证设计和制造方案的可行性。

图 2-38　Process Simulate 应用启动界面图

Process Simulate 包含以下功能模块：机器人点焊模拟；机械臂连续加工工艺仿真；生产线装配模拟；人机工程——分析和优化工人操作；智能工厂自动路径规划；点云——通过扫描，测量方位距离等信息；VR 虚拟现实。

制造工程师能在其中重用、创建和验证制造流程序列来进行仿真，并可优化生产周期和节拍；流程仿真扩展到各种机器人流程中，能进行生产系统的仿真和调试；流程仿真允许制造企业以虚拟方式对制造概念进行事先验证，是推动产品快速上市的一个主要因素。

工程师可以提前发现设计和工艺问题，大量节省现场调试时间和工作量，为客户节省了大量时间，提高了工作效率，保证了机器人程序的准确性。这对于缩短新产品开发周期，提高产品质量，降低开发和生产成本，降低决策风险都是非常重要的，可保证更高质量的产品更快地投放市场。

本章总结

数字化工艺仿真是利用产品的三维数字样机，对产品的装配过程统一建模，在计算机上实现产品从零件、组件装配成产品的整个过程的模拟和仿真。在建立了产品和资源数字模型的基础上，可以在产品的设计阶段模拟出产品的实际装配过程，而无须生产实物样机。找出装配设计的缺陷，并以此来优化产品的设计质量和制造过程，优化生产管理和资源规划，以达到产品开发周期的最短化和成本的最小化，产品设计质量的最优化和生产效率最高化，从而形成企业的市场竞争优势。目前数字化工艺仿真利用了计算机图形学技术及一些核心算法涵盖机加工、铸造、表面处理、工装设计、生产布局、装配、检测等多个专业的工艺过程设计规划及仿真应用场景。

在装配过程仿真时，依据设计好的装配工艺流程，通过对每个零件、成品和组件的移动、定位、夹紧和装配过程等进行产品与产品、产品与工装的干涉检查，当系统发现存在干涉情况时报警，并给出干涉区域和干涉量，以帮助工艺设计人员查找和分析干涉原因。在生产布局仿真时，使用三维仿真软件实现生产线生产过程及产品在厂房内运输过程的模拟。其将制造资源（包括人、机、料）在空间上密切有机结合，时间上适当连接，在布局设计的过程中考虑物流因素，选择搬运的最佳路线，减少物料搬运工作量，不仅能降低其过程中的运输成本，还能加快生产流程，最终达到提高生产能力和降低企业生产成本的目的。

目前，数字化工艺仿真还存在对仿真动画认知不足，存在一定的片面性；工艺仿真与设计、工艺规划工作协同不够；工艺仿真没有真正为整体工艺业务流程服务等诸多问题。并且，工艺路线在不同 CAPP 及 MPM 平台虽体现了产品工艺规划过程，但因结构化不彻底和与专业仿真工具集成难度较高使拉通还较为困难。

参考文献

[1] 于强，李祥松. 数字化工厂布局仿真技术应用研究[J]. 机械与电子，2015（11）：21-24.

[2] 马璞. 西门子数字化工业软件：用创新的数字化解决方案改变未来出行[J]. 汽车制造业，2020（15）：16-17.

[3] 孟庆波. 工业机器人应用系统建模（Tecnomatix）[M]. 北京：机械工业出版社，2021.

第3章

工艺仿真与验证

现代制造对生产系统中人的因素越来越重视，制造自动化技术是人指导下的自动化系统，无人的自动化工厂已被证明是不可行的。在目前的科学技术水平下，许多工作还是需要人来完成，所以数字化工厂技术也将人作为制造系统中的重要资源进行规划，并且对操作者的工作进行分析，为合理设计工作环境、劳动强度和人员分配提供强大的支持。

3.1　人机工程虚拟仿真与工效学评价

3.1.1　人机工程学概述

（1）人机工程学的起源与发展

人机工程学的起源可以追溯到 20 世纪初期，在其形成与发展史中，大致经历了以下两个阶段：

① 经验人机工程学　在经历工业革命之后，人们所从事的劳动在复杂程度和负荷量上都有了很大变化，改革工具、改善劳动条件和提高劳动效率已经成为一个迫切问题。因此，人们开始对经验人机工程学所提出的问题进行研究。比较著名的研究工作主要有肌肉疲劳试验、铁锹作业试验和砌砖作业试验等。

a. 肌肉疲劳试验。1884 年，德国学者莫索（A. Mosso）对人体劳动疲劳进行了试验研究。他的试验研究为以后的"劳动科学"奠定了基础。

b. 铁锹作业试验。20 世纪初，美国学者泰勒（Frederick W. Taylor）在传统管理方法的基础上革新了管理方法和理论，并据此制订了一整套以提高工作效率为目的的操作方法，考虑了人使用的机器、工具、材料及作业环境的标准化问题。他的科学管理方法与理论被后人认为是人机工程学发展的奠基石。

c. 砌砖作业试验。1911 年，吉尔伯勒斯（F. B. Gilbreth）对美国建筑工人砌砖作业进行了试验研究。他用快速摄像机把工人的砌砖动作拍摄下来，然后对动作进行分析，去掉多余的无效动作，最终提高了工作效率，使工人砌砖速度由当时的每小时 120 块提高到每小时 350 块。经验人机工程学一直延续到第二次世界大战之前，之后开始进入科学人机工程学阶段。人机工程学分析工具如图 3-1 所示。

分析工具选项使用用户可以使用 NIOSH、OWAS、Fatigue、SSP、LBA、CBL、EAWS、Ergonomics Metrics、Generic 和 RULA 系统分析姿势和操作。此外，用户可以使用这个选项来生成关于这些系统的静态报告。

要设置分析,可以在图形查看器或对象树中选择要观察的人体模型。选择"人体(Human)"页签→工效组→分析工具 ,系统会弹出"分析工具"对话框。在"激活分析(Activate)"列中,选择要运行的分析,在"显示注释(Display Notes)"列中,选择是否显示在相关分析中创建的注释,但并不是所有的报表格式都必须适用于所有的报表。

在"仿真报告(Simulation)"列中,选择是否生成相关分析的仿真报告,用户可以选择显示注释并为每个分析生成一个报告,且每个人体模型可以有不同的设置。用户可以根据 NIOSH、OWAS、SSP、LB、RULA、CBL 或一般人体工程学分析的结果创建报告。在"分析设置"对话框中选择"仿真报告"复选框(在"人体姿态和操作分析"中描述),然后运行要分析的仿真序列。当流程完成时,将创建一个报告,分析人工模型在模拟期间执行的任务。系统弹出"编辑报表名称"对话框,用户可以根据需要修改报表名称,并添加可选的文本描述,如图 3-2 所示。此外,用户还可以管理快照(创建 Cell View 和 Vision View 快照并编辑它们)。默认情况下,所有的 OWAS 报表命名为 OWASReport,所有的 NIOSH 报表命名为 NIOSHReport,所有的 SSP 报表命名为 STATSTRENGTHReport,所有的 LBA 报表命名为 LOWBACKReport,所有的 RULA 报表命名为 RULAReport,所有的 CBL 报表命名为 CBLReport。

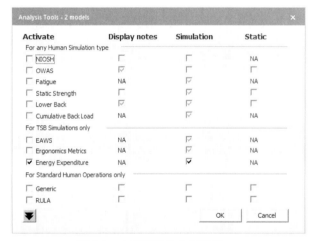

图 3-1　人机工程学分析工具

图 3-2　编辑报告名称

"编辑报表名称"对话框还包括以下选项。打开报表查看器:选择此复选框将在报表查看器中打开所选的报表,除了查看报表外,还可以执行其他操作,如报表查看器中所述;单元格快照:选择此复选框将创建单元格的快照,以便在快照编辑器中显示;远景视图快照:选择此复选框将创建从执行操作的人体模型的角度拍摄的快照。更多细节可参考视觉窗口。所有报告文件都保存在硬盘上当前用户的 Profiles 文件夹下。如果需要,可以在"人工选项"对话框的"报表查看器"选项卡中更改目标位置。

在"静态报表(Static)"列中,选择是否生成相关分析的静态报表。要运行静态报告,不需要选中"Activate analysis"复选框。还可以创建静态用户定义的人体工程学报告。根据"人工选项"对话框的"报告"选项卡中的设置,在"分析设置"对话框中显示每个报告的一行。或者,单击 ▼ 来访问高级选项,并使用"选择文件夹保存报告"字段输入要保存报告文件的文件夹的名称。用户还可以单击"Browse"按钮 ⋯ 并导航到所需的位置。需要注意的是报表存储在"人工选项"对话框的"报表查看器"选项卡中指定的目录中。经验人机工效学评估方法如图 3-3 所示。

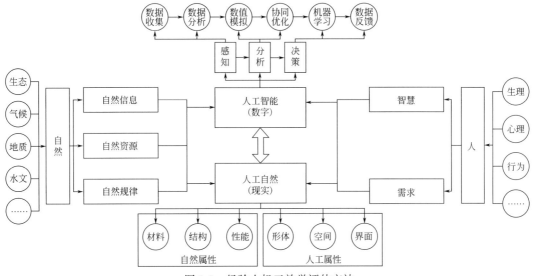

图 3-3　经验人机工效学评估方法

② 科学人机工程学　人机工程学发展的第二阶段是第二次世界大战期间。在这个阶段，由于战争的需要，许多国家大力发展效能高、威力大的新式武器和装备。但由于片面注重新式武器和装备的功能研究而忽视了其中"人的因素"，因而由于操作失误而导致失败的教训屡见不鲜。决策者通过分析失败的教训，逐步认识到在人和武器的关系中主要的限制因素不是武器而是人，并深感到"人的因素"在设计中是不能忽视的一个重要条件。同时还认识到，要设计好一个高能效的装备，只有工程技术知识是不够的，还必须有生理学、心理学、人体测量学、生物力学等学科方面的知识。例如，为了使所设计的武器能够符合战士的生理特点，武器设计工程师不得不请解剖学家、生理学家和心理学家为设计操纵合理的武器出谋划策，结果收到了良好的效果。军事领域中对"人的因素"的研究和应用，使科学人机工程学应运而生。

科学人机工程学一直延续到 20 世纪 50 年代末。在其发展的后阶段，由于战争的结束，人机工程学的综合研究与应用逐渐从军事领域向非军事领域发展，并逐步应用军事领域中的研究成果来解决工业与工程设计中的问题，如飞机、汽车、机械设备、建筑设施以及生活用品等。人们还提出在设计工业机械设备时也应集中运用工程技术人员、医学家、心理学家等相关学科专家的共同智慧。因此，在这一发展阶段中，人机工程学的研究课题已超出了心理学的研究范畴，使许多生理学家、工程技术专家涉身到该学科中来共同研究，从而使人机工程学的名称也有所变化，大多称为"工程心理学"。

（2）人机工程学的研究内容与方法

人机工程学研究应包括理论和应用两个方面，但当今人机工程学研究的总趋势侧重于应用。而对于学科研究的主体方向，则由于各国科学和工业基础不同，侧重点也不相同。人机工程学研究的核心问题是不同的作业中人、机器及环境三者间的协调，研究方法和评价手段涉及心理学、生理学、医学、人体测量学、美学和工程技术等多个领域，研究的目的则是通过各学科知识的应用，来指导工作器具、工作方式和工作环境的设计与改造，使得作业在效率、安全、健康、舒适等几个方面的特性得以提高。

① 人机工程学的研究内容

a. 研究人体尺度。在设计产品时设计师必须考虑合适的人体尺度，因为产品与人的关系在使用过程中始终存在。人体测量即获取人体尺寸数据及分布规律，用于指导产品设计、作业空间、生活空间设计等工作。

b. 研究人的生理、心理特性和能力限度。人的生理、心理特性和能力限度，是人-机-环境系统设计的基础。人机工程学从工程设计角度出发，研究人的生理、心理特性及能力限度，如人体尺寸、人体力量和耐受的压力、人体活动范围、人从事劳动时的生理功能、人的可靠性等。

c. 研究人机功能的合理分配。人机系统中的两大组成部分即人与机都有各自的能力和限度。人机工程学研究根据人、机各自的机能特征和限度，如何合理分配人、机功能，在人机系统中使其发挥各自的特长，并相互补充、取长补短、有机配合，以保证系统功能最佳。

d. 研究人机相互作用及人机界面的设计。在人机系统中，人机相互作用的过程就是利用信息显示器和控制器实现人机间信息交换的过程。人通过感觉器官利用显示器获得关于机器运行状态的信息，经大脑的综合、分析、判断、决策后，再通过效应器官，利用控制器将人的指令传递给机器，使机器按人所预定的状态运行。人机工程学研究如何运用有关人的数据资料设计显示器与控制器，使显示器与人的感觉器官的特性相匹配，使控制器与人的效应器官的特性相匹配，以保证人机间的信息交换迅速、准确。

e. 研究环境及其改善。人机工程学研究环境因素，如温度、湿度、照明、噪声、振动、尘埃、有害气体对人的作业活动和健康的影响，并研究控制、改善不良环境的措施和手段，以便为人提供舒适、安全和健康的作业环境。

f. 研究作业及其改善。人机工程学研究人从事重体力作业、技能作业和脑力作业时的生理以及心理变化，并据此确定作业时的合理负荷及耗能量、合理的作业和休息制度、合理的操作方法，以减轻人的疲劳、保障健康、提高作业效率。同时还研究作业分析和动作经济原则，寻求最经济、最省力、最有效的标准工作方法和标准作业时间，以消除无效劳动、合理利用人力和设备、提高工作效率。

g. 研究人的可靠性与安全。随着工程系统的日益复杂和精密，操作人员面对大量的显示器和控制器，容易出现人为差错而导致事故的发生。因此，研究人的可靠性对于提高系统的可靠性具有十分重要的意义。人机工程学研究影响人的可靠性的因素，寻求减少人为差错、防止事故发生的途径和方法。

② 人机工程学的研究方法　人机工程学的研究广泛采用了人体科学和生物科学等相关学科的研究方法及手段，也采取了系统工程、控制理论、统计学等其他学科的一些研究方法，还建立了一些独特的新方法，以探讨人、机、环境要素间复杂的关系问题。目前常用的研究方法有：

a. 观察法。为了研究系统中人和机的工作状态，常采用各种各样的观察方法，如工人操作动作的分析、功能分析和工艺流程分析等大都采用观察法。

b. 实测法。它是一种借助于仪器、设备进行实际测量的方法。例如，对人体静态与动态参数的测量，对人体生理参数的测量或者是对系统参数、作业环境参数的测量等。

c. 实验法。它是当实测法受到限制时采用的一种研究方法，一般是在实验室进行，也可以在作业现场进行。例如，为了获得人对各种不同显示仪表的认读速度和差错率的数据，一般在实验室进行；如需了解色彩环境对人的心理、生理和工作效率的影响，由于需要进行长时间和多人次的观测才能获得比较真实的数据，通常是在作业现场进行试验。

d. 模拟和模型试验法。由于机器系统一般比较复杂，因而在进行人机系统研究时常采用模拟和模型试验法。它是指运用各种技术和装置的模拟，对某些操作系统进行逼真的试验，可得到所需要的更符合实际的数据的一种方法，例如训练模拟器，具体模型、机械模型、计算机模拟等。在进行人-机-环境系统研究时常采用这种方法，因为模拟器或模型通常比所模拟的真实系统便宜得多，因此这种仅用低廉成本即可获取符合实际研究效果的方法获得更多的应用。

e. 计算机数值仿真法。由于人机系统中的操作者是具有主观意志的生命体，用传统的物理模拟和模型方法研究人机系统，往往不能完全反映系统中生命体的特征，其结果与实际相比必有一定的误差。另外，随着现代人机系统越来越复杂，采用物理模拟和模型方法研究复杂人机系统，不仅成本高、周期长，而且模拟和模型实验装置一经定型，就很难做修改变动。为此，一些更为理想而有效的方法逐渐被研究创建并得以推广，其中的计算机数值仿真法已经成为人机工程学研究的一种现代方法。

f. 分析法。分析法是在上述各种方法获得了一定的资料和数据后采用的一种研究方法。目前，人机工程学研究常采用的分析法有瞬间操作分析法、知觉与运动信息分析法、动作负荷分析法、频率分析法、相关分析法、调查研究法等。

3.1.2　人机工程虚拟仿真系统分析

（1）人机工程的技术特点

随着人机工程学所涉及的研究和应用领域的不断扩大，从事人机工程学研究的专家所涉及的专业和学科也越来越多，主要有工业与工程设计、工作研究、建筑与照明工程、管理工程、心理学等专业领域。现代人机工程学发展有三个特点：

① 不同于传统人机工程学研究中着眼于选择和训练特定的人，使之适应工作要求，现代人机工程学着眼于机械装备的设计，使机器的操作不超出人类能力界限之外。

② 密切与实际应用相结合，通过严密计划设定的广泛实验性研究，尽可能利用所掌握的基本原理，进行具体的机械装备设计。

③ 力求使实验心理学、生理学、功能解剖学等学科的专家与物理学、数学、工程学方面的研究人员共同努力密切合作。

现代人机工程学研究的方向是把人-机-环境系统作为一个统一的整体来研究，以创造最适合人操作的机械设备和作业环境，使人-机-环境系统相协调，从而获得系统的最高综合效能。创建人体模型操作界面如图3-4所示。

图3-4　创建人体模型

（2）系统分析

人机工程系统能够实现在工作环境下对人体的操作进行设计、分析与优化。可以使用人机工程系统进行人体工效的分析，进而指导如何在操作时间限制内使用人体模型进行生产顺序的人机工程系统一般可以实现以下基本功能：

① 人体模型的建立与人体属性的更改　该功能模块允许根据一定的属性建立人体模型，人体模型一旦建立，就可以使用该模型进行操作仿真。该模块一般包含一个具有六个常用人体模型的模型库，可以直接调用库中模型到工作单元。库中六个人体模型都是按照国家标准的人体模型尺寸建立的，分别代表身高百分位数为5、50、95三个等级的标准男性和女性的人体模型。

② 人体模型的定位与行走　人体模型的定位包括鼠标点击选择与三维坐标设置，能够按

照操作的需要进行人体操作起始位置与终止位置的确定，并且可以连续确定。其中，模型的行走是工厂操作中最基本也是必不可少的动作，因此单独列出。在该模块中可以定义行走的方式，如朝前走、后退走、侧行等，行走步幅的大小，行走路径的选择，等等。例如工人搬运工件这个操作，可以根据工厂设备的布局不同，采取直线行走路径或是折线行走路径。

③ 人体模型的动作设置　该模块以操作为线索，实现人与物体的接触、抓取、放置等一系列操作，具体包括以下几种：

a. 跟随——人手跟着物体移动；

b. 抓取——让物体跟随人手移动，其中人手的抓取姿势有八种，分别适用于各种不同形状、不同要求的抓取情况；

c. 放置——抓取物体之后，指定放置的地点，人手会在该地点放下物体，但此时手与物体并未分开；

d. 释放——该操作实现人手与物体的分离，至此搬运物体的操作才算真正完成。在实现抓取操作的过程中，同时应该考虑人体的操作范围问题，当出现人手无法触及的情况时，系统能够自动提示。

④ 人体的姿势设置　该模块能够实现人体操作姿势的设置，其原理是对人体各个关节加以设置，然后保存。人体的主要关节包括颈部关节、肘关节、腕关节、膝关节、踝关节，对这些关节加以设置就可以得到需要的各种操作姿势。系统姿势库中有八种常用的姿势可供调用，可以设计自己需要的姿势并在姿势库中存储，以便随时调用。人体的姿势是人体操作范围、视力范围、各种关于姿势的工效分析的基础，操作姿势应该参考工效分析的结果进行改进。

⑤ 人体活动的限制设置　该功能模块允许根据需要对人体某个部位的活动进行限制，包括对关节的活动进行限制，仿真时对手脚的活动进行固定，对左、右手的活动进行限制等。该功能模块主要根据人体运动学的知识来实现。

⑥ 人体工作效率的分析　该模块对人体工作效率进行分析，根据分析结果改进设备布局、操作姿势与操作流程。目前制造行业内比较流行的工效分析主要有：OWAS 分析，主要针对人体操作姿势进行人体部位疲劳度的分析；NIOSH 分析，针对抓取操作分析人体的最大负荷量；手臂用力分析，主要分析抓取时人体手臂的受力情况。分析结果可以多种形式输出。

⑦ 人体操作范围设置　该功能模块主要实现具体人体模型状态下操作时的最大操作范围、最佳操作范围、视力范围的分析，该分析应该贯穿于人体工作仿真的全过程中，在人对物体的操作过程中、人体与设备的干涉检查中都应进行分析。人体姿势创建如图 3-5 所示。同时，系统应具有计时功能，能够根据时间要求完成各部分的操作。对于操作时间的问题，在每个操作创建时都设定了默认的操作时间，同时也给出了专门的分析方法 MTM（Methods Time Measurement）。MTM 根据选定操作的难度和距离确定该操作所需的平均时间值，该时间值可以编辑，通过对每个操作时间的估计可以得到完成任务所需的总的时间值。

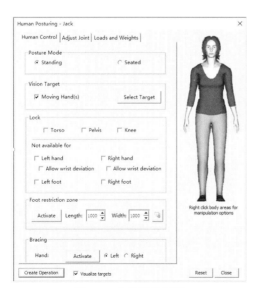

图 3-5　人体姿势创建

3.2　工业机器人、自动化生产线模拟与虚拟调试

3.2.1　机械运动仿真

机械运动仿真是指对装配过程中的运动资源，如夹具的动作、零件的搬运、设备的运动等进行模拟，用以检查资源、设备在运动过程中是否会发生碰撞，研究设备动作的协调和配合，研究整个作业过程的操作时间。通过机构仿真，可以在进行整体设计和零件设计后，对各种零件进行装配后模拟机构的运动，从而检查机构的运动是否达到设计要求以及机构运动中各种运动构件之间是否发生干涉。同时，还可直接分析各运动副与构件在某一时刻的位置、运动量以及各运动副之间的相互运动关系、关键部件的受力情况，从而可以将整机设计中可能存在的问题消除在萌芽状态，减少试制样机的费用，并大大缩短机械产品的开发周期。

（1）运动仿真中的机构运动方式

运动仿真中的机构运动主要有两种形式：

① 关节运动仿真（Articulation）　关节运动仿真是基于位移的一种运动形式，机构以指定的步长（旋转角度或直线距离）和步数运动。

② 动画运动仿真（Animation）　动画运动仿真是基于时间的一种运动形式，机构在指定的时间段中运动，同时指定该时间段中的运动步数进行运动仿真。

（2）创建运动仿真步骤

一般可以认为连杆是一组连接在一起运动的连杆的集合，可通过 Process Simulate 创建一个运动仿真，如图 3-6 所示。

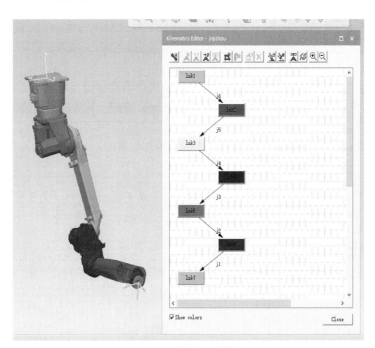

图 3-6　创建运动仿真

第 1 步，创建连杆（Links）。Tecnomatix 可以在运动机构中创建代表运动件的三维模型。

第 2 步，创建运动副（Joints）。Tecnomatix 可以创建约束连杆运动的运动副，可同时创建其他的运动约束特征，如弹簧、阻尼、弹性衬套和接触单元等。

第 3 步，创建曲柄机构（Cranks）。Tecnomatix 可以在运动机构中创建曲柄机构，保证部件整体的循环运动。

第 4 步，定义运动驱动（Motion Driver）。运动驱动使机构产生有规律的运动。

3.2.2 机器人仿真

机器人仿真是指通过计算机对实际的机器人系统进行模拟的技术。机器人仿真可以通过单机或多台机器人组成的工作站或生产线实现，也可以通过交互式计算机图形技术和机器人学理论等实现，在计算机中生成机器人的几何图形，并对其进行三维显示，用来确定机器人的本体及工作环境的动态变化过程。通过系统仿真，可以在制造单机与生产线之前模拟出实物，以缩短生产工期，避免不必要的返工。在使用的软件中，工作站级的仿真软件功能较全、实时性高且真实性强，可以产生近似真实的仿真画面；而微机级仿真软件虽实时性和真实性不高，但具有通用性强、使用方便等优点。目前机器人仿真所存在的主要问题是仿真造型与实际产品之间存在误差，需要进一步研究解决。

在 3D 环境下仿真模拟分析有单台工业机器人（自动化物料搬运设备）工位或者多机器人装配生产线的装配过程，主要分析和优化设备运动路线和时间节拍以及设备的离线编程应用。机器人仿真的主要功能如下：

① 增强的镜像功能，实现更有效的建模与数据重用。在 Process Simulate 平台下应用增强的建模功能，可实现整个组件与复合设备的几何及运动学镜像。此外，用户还可以对建模组件中的实体产生镜像。交互式对象预览功能可帮助用户放置镜像平面。

② 工作路径模板，实现更快、更高效的路径规划与离线编程。在 Process Simulate 平台下允许用户定义与应用流程模板，简化机器人工作路径与离线程序编辑。可自主地创建模板，如添加及删除机器人参数、添加及删除 OLP 命令、添加及编辑路径位置、启动及关闭喷枪等多种操作。这些模板还支持不同的机器人控制器类型。

③ 单一的流程数据集合，用于时间型与事件型的仿真及编程。通过结合规划与验证环境中的工作单元层及装配线层的仿真研究，Proces Simulate 的统一化仿真流程数据类型，可用于时间型仿真编程的开发与使用。用户无须再为其仿真与验证工作创建个别的工程研究内容，数据可在以上两种仿真模式中共享。机器人仿真图如图 3-7 所示。

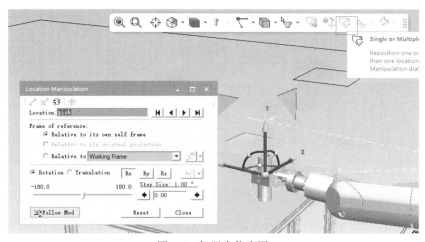

图 3-7　机器人仿真图

3.2.3　虚拟试生产

当前所有的制造型企业都面对着一个根本性的挑战，就是在日益激烈的全球竞争下，如何降低工程成本、风险和能耗并缩短产品推出周期。数字化仿真技术已经在当今项目实施过程中扮演了重要的角色，西门子虚拟试生产（Virtual Commissioning）技术将数字仿真技术应用推到一个新的高度。过去的数字化仿真技术只能做到对整条生产线的机器人系统、节拍等进行模拟，西门子虚拟试生产技术可以将整条生产线的机械、电气和控制三大系统整合在一起进行模拟，极大地提高了企业对新生产系统整体运转时可能发生问题的认知度，从而在投入正式制造之前对系统进行验证和优化、修补漏洞，达到进一步缩短产品推出周期，降低工程成本、风险和能耗的目的。

（1）虚拟试生产关键技术

维基百科将虚拟试生产定义为：在真实工厂调试之前，在一个软件环境里模拟一种或多种硬件系统的性能，以实现虚拟世界到真实世界的无缝转化。虚拟试生产技术提供了一个能评估机械、电气和控制系统整体行为的平台：机械系统方面有运动学、机器人编程、运行顺序、平面布局、生产节拍等；电气和控制系统方面有输入与输出、互锁功能、人机控制界面等。

① 虚拟试生产技术对项目实施各方的价值

a. 在工程质量提升方面的价值。对工程项目实现全面模拟，从信号到工艺，简易并可重复地向客户演示工厂验收测试，从而实现从虚拟试生产到现实试生产的轻易转化。

b. 在节省工程时间方面的价值。用 HMI 而不是程序来完成对工厂环境的模拟，更直观展现真实的环境，所有工作由软件实现，无须硬件支持，并且拥有一个包含各种逻辑和生产现场行为的模拟信号库。

c. 在节省工程开支方面的价值。由于在前期发现问题，所以更改费用低；只需软件进行调试，节省硬件系统的开支；节省差旅费和时间，工作效率高。

② 实施虚拟试生产技术后的项目实施流程　与传统的项目实施流程相比，运用虚拟试生产技术后的项目实施流程有很大改善与进步。

③ 虚拟试生产场景　虚拟试生产技术可以在正式生产前在一个虚拟的 3D 环境中模拟机器人、可编程控制器（PLC）和人机控制界面（HMI）。

（2）虚拟试生产典型案例

虚拟试生产技术在汽车行业的应用越来越广泛，一款新车型在投入生产前不必造出实物样车，只需用该车型的 3D 模型在计算机中模拟生产一遍，就能够提早发现问题，获得所需的技术参数。例如某大型汽车公司已经正式完成虚拟工厂系统的部署，可以将汽车的生产流程、生产线上的不同工具以及工人的操作动作都模拟出来。

虚拟生产系统的全面投入意味着工程师和生产人员在计算机前就可以知道未来的生产中会发生什么，比如哪个工位的设置不合理、哪个零部件不匹配甚至可能机械手不够长。他们可以在生产正式开始之前解决这些问题，而不是等到问题发生之后才调整生产线，整线仿真如图3-8 所示。对于整个汽车工业来说，这可能都是一种全新的设计和生产产品的方式，它使设计和生产之间"无缝"了。现代汽车工业在产品设计和生产上已经结合得越来越紧密，但总体上仍旧是相互独立的，一般都是等产品设计出来之后，再围绕着产品去解决生产上的技术问题。而虚拟工厂技术的终极目标，是可以将生产上的问题也提早放入产品设计中。比如通过虚拟工厂可以计算出哪些生产站是最容易改变、哪些是最好不要变动的，如果能够增加这些先决条件再做产品设计，可以实现更有效率的设计。从这些角度看，虚拟工厂技术也将会引发其他制造行业的兴趣。

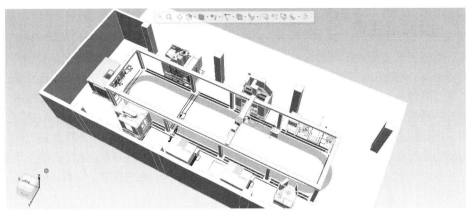

图 3-8　整线仿真图

3.3　数字化工厂设计

（1）数字化工厂概述

随着全球化竞争的加剧，产品的更新换代和设计制造周期缩短以及客户化定制生产方式的形成，给制造企业带来了越来越大的竞争压力，促使数字化制造及数字化工厂概念的产生。

数字化工厂的定义：以产品全生命周期的相关数据为基础，根据虚拟制造原理，在虚拟环境中对整个生产过程进行仿真、优化和重组的新的生产组织方式。以现有成果来看，在数字化工厂的应用和研究方向分为广义和狭义两个方面，具有各自的概念和特点。

① 广义数字化工厂是指以制造产品和提供服务的企业为核心，由核心企业以及一切相关联的成员（包括核心制造企业、供应商、软件系统服务商、合作伙伴、协作厂家、客户、分销商等）构成的、使一切信息数字化的动态组织方式。这样的概念源于"大制造"的思想，试图把一切与产品相关的活动和过程都包含进来。在广义的数字化工厂中，核心制造企业主要对产品设计、零件加工、生产线规划、物流仿真、工艺规划、生产调度和优化等方面进行仿真、优化和实际控制及管理。其本质特征是通过对制造系统中物质流、信息流的数字化，从而实现数字化企业的虚拟映射，形成一种大规模、敏捷、虚拟的网络制造系统。

② 狭义数字化工厂是指以制造资源（Resource）、生产操作（Operation）和产品（Produce）为核心，将数字化的产品设计数据在现有实际制造系统的虚拟现实环境中，对生产过程进行计算机仿真和优化的虚拟制造方式。在大多数环境下数字化工厂概念都是指狭义数字化工厂。数字化工厂技术利用计算机技术和网络技术，实现产品全生命周期中的设计、制造、装配、质量控制和检测等各个阶段的功能，达到缩短新产品的上市时间、降低成本、优化设计、提高生产效率和产品质量的目的。就系统结构而言，包括产品工艺分析、工艺规划、工艺审查、生产计划、生产线规划、物流仿真、生产线优化等部分，在产品设计和产品实际加工二者之间构建起桥梁。

数字化工厂技术主要解决产品设计和产品制造之间的"鸿沟"，从产品概念的形成、设计到制造全过程的三维可视及交互的环境，在计算机上实现产品制造的本质过程（包括产品的设计、性能分析、工艺规划、加工制造、质量检验、生产过程管理与控制），通过计算机虚拟模型来模拟和预测产品功能、性能及可加工性等各方面可能存在的问题。

（2）数字化工厂布局设计与优化

数字化工厂系统最大的特点就是在数字空间的环境中，对制造企业的新产品进行可制造性以及制造成本的提前估计和预分析。工厂布局是制造企业规划的前期工作，涉及厂房、设备和工装夹具等主要资源的空间规划设计，是整个企业生产的前期基础工作。因此，为了在数字化工厂系统中开展后续的工艺规划、仿真分析等工作，专门设计工厂布局（Factory CAD）模块。一般的工厂布局模块包括组件库管理、厂房布局设计、设备布局、工装夹具布局四个子模块。

在组件库管理模块中，其输入部分为系统资源数据，包括厂房、设备、工装夹具等方面的建模数据。控制部分为组件的建立规范，以此为组件建模的约束条件；机制（支撑）部分为数据库系统，以此构成整个系统的构建和支持平台。在该模块，实现关于各类制造资源（设备资源、工装夹具等）的组件建模、组件库设计、组件查询、组件浏览、组件导入与导出等功能。模块的输出为组件导出文档（包括与现有 ERP、PDM PLM 等主流系统的基本报表格式兼容的文件），同时为后面的模块提供厂区、设备、工装夹具等相关数字模型。该模块的实际运行情况与后续的三个模块并不存在时间上的先后关系，一般来讲，都是在其他模块运行的同时交叉调用该模块。所以，厂房规划、设备规划、工装夹具的规划和组件库的构建过程是相辅相成的统一整体。

在厂房布局设计模块中，从现有的厂区地理信息系统中输入厂区面积数据。另外，输入有关生产区域划分的数据到厂房布局设计模块。该模块的控制部分为操作数据中的工厂规划纲要部分，多数情况下，这类数据是原则式的定性数据。作为整个厂房规划的指导原则，模块的下面是资源信息中的厂区地理模型，含有空间分布数据、结构数据等。在这部分结果分析中，重点要突出生产车间的布局情况和相互位置关系。

在设备布局模块中，主要实现生产线设备的建模和布局设置。以厂房布局的结果作为参考，根据设备规划的要求，对制造设备的数字模型合理布局。这里主要实现两部分功能：一是设备的数字模型建模，就是利用三维建模软件建立数字模型，然后导入数字化工厂系统中，存储为同一格式的文件供系统统一读取和处理；二是设备的布局设置，就是在虚拟的厂房环境中，将设备模型进行摆放，将设备的坐标存储于数据库中，输出统一格式的模型文件。

在工装夹具布局模块中，主要完成生产线混装夹具系列的建模和布局。考虑到大规模制造行业，特别是汽车制造业中，各类专用夹具经常因生产车型的不同而形成系列，而大型加工设备将不会改变，这类情况尤其在混装生产线中表现明显，因此专门设计满足这一生产要求的功能模块——工装夹具布局模块。这里主要考虑其输入和支撑两部分，输入部分来源于前面的设备布局模块所输出的设备布局图，支撑部分主要来源于工装夹具生产厂家的技术文档。这部分的输入数据来源是设备提供商，由其提供工装夹具的结构，几何、运动关系数据与模型。这样，在后续功能模块的基础上，统一输出关于生产分布信息的工厂布同机型，形成静态的车间设备和生产线的虚拟空间分布，反映了制造企业的静态生产信息，工艺人员可以从三方面对布局方案进行评价分析。

① 定性分析　主要涉及以下几个方面：

a. 物体之间不能发生干涉；

b. 设备与其他物体之间的距离大于安全间距；

c. 能够运动的设备工作时不会与其他物体发生干涉；

d. 物料和物流工具的移动顺畅；

e. 整个车间布局美观、协调，车间内要适当留有余地，为以后生产线变动提供空间；

f. 工人操作时安全，工作空间舒展。

② 定量分析　主要涉及以下几个方面：

a. 设备（包括机器、物流工具以及辅助设备等）的外形及尺寸；

b. 设备的辅助时间以及工作时间；

c. 单元的形状及尺寸；

d. 某受限制区域和固定设备的位置状况；

　　e. 物料处理系统的运行参数及物流通道的宽度；

　　f. 物料和工装夹具的尺寸和储运情况。

　　③ 人机工程分析　通过模拟人在特定场合下的不同工作过程，综合调整不协调的因素，使工人的工作安全、舒适。

本章总结

　　虚拟调试，能够简化当前从工程项目的工艺规划到车间生产整个周期的工作，该应用基于一个共同的集成数据平台，让各不同职责岗位的技术人员（机械、工艺和电气）参与实际生产区或工作站的调试。硬件调试功能应用，用户可以使用 OPC 和实际机器人控制硬件去模拟验证真实的 PLC 代码，从而还原最逼真的虚拟调试环境。

　　通常，系统调试是创建或更改生产线过程中的最后一个工程步骤。在调试期间，由于控制代码通常只有在硬件就位后才会进行彻底的测试，因此在修复软件程序错误上浪费了大量时间。虚拟调试（VC）使用户能够通过构建工厂的完整仿真模型，将大部分调试过程转移到更早的阶段。然后，用户可以将虚拟模型连接到真实的控制系统，同时并行运行项目流程的其他步骤，例如购买和组装设备，以便在不延迟生产的情况下验证整个工厂和控制设计。

　　在使用的软件中，工作站级的仿真软件功能较全、实时性高且真实性强，可以产生近似真实的仿真画面；而微机级仿真软件虽实时性和真实性不高，但具有通用性强、使用方便等优点。目前机器人仿真所存在的主要问题是仿真造型与实际产品之间存在误差，需要进一步研究解决。

参考文献

[1] 曹家勇，吕文壮，唐鼎，郑永佳. 基于 Tecnomatix 的汽车前地板焊装生产线的工艺规划及仿真验证[J]. 机械设计与制造，2021（10）：174-178.

[2] 王云锋，潘康华，辛明哲，陈景玉. 机械产品设计工艺仿真标准验证模型指标体系构建方法[J]. 机械工业标准化与质量，2018（11）：27-29.

[3] 陈杰，潘康华，王云峰，陈景玉. 仿真标准试验验证及技术服务平台建设探讨[J]. 机械工业标准化与质量，2018（02）：34-39.

第4章

Process Simulate 软件基本操作

　　工业生产对自动化程度的需求日益增加,且产品更具多样性与复杂性,使用 Tecnomatix 软件对生产过程及产品进行线上调试,可以极大地增加工作效率以及及时发现产品设计初期的不足。Process Simulate 能对装配工艺进行可行性验证,对装配路径、装配顺序等过程进行详细的规划,主要功能包括精确分析、仿真操作、碰撞规划、时间分析、人机工程学分析、机器人离线编程及虚拟调试等。其中,Process Simulate 中的人体工程学组件主要是模拟人的生物力学,为提高工作场所的工效,分析和改善职业病等提供了可行的仿真工具和较高的改善效率。

4.1　机构定义

4.1.1　Process Simulate 软件的基本导航

　　Process Simulate 主界面 Modeling 菜单栏主要内容如图 4-1 所示。

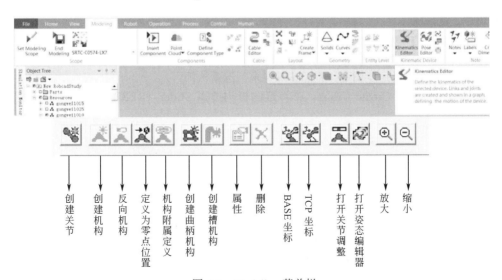

图 4-1　Modeling 菜单栏

该菜单栏主要功能:
① 加载数据:将资源数据直接从资源库中拖至 3D 窗口中即完成焊枪数模的载入。

② 激活数据：选择 Modeling→Set Modeling Scope，使数据处于可编辑状态。

③ 定义机构：在 Object Tree 中选中节点，运行 Kinematics Editor 命令进行机构定义。

④ 创建关节：勾选 Show Colors，建立 Link 后，Link 颜色都与 Link 下所选 3D 部分色彩一致，如图 4-2 所示。

⑤ 创建机构：先选择相对不动的 Link 再选择相对动的 Link，然后点击命令 Create joint 🔨（或者直接用鼠标拖动出一条线来连接），如图 4-3 所示。

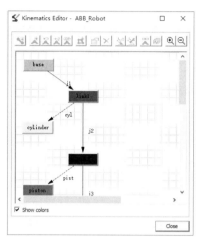

图 4-2　创建关节　　　　　　　图 4-3　创建机构（一）

图 4-3 中书写框含义如下：

Name：机构名称。

Parent Link：相对不动的关节。

Child Link：相对运动的关节。

From/To：两个点构成的直线，是直线运动的路径或旋转运动的旋转轴，可以直接在 3D 视图中选择一条直线。

Joint Type：Prismatic 为直线运动，Revolute 为转动运动。

Limits：设置运动极限。

Max values：运动速度设定，若无特殊要求，选默认即可。

设置完成后点击 Create Crank，带汽缸的机构选择 Slider（RPRR），点击下一步，如图 4-4 所示。

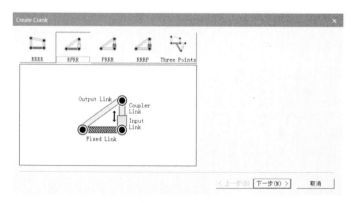

图 4-4　创建机构（二）

机构创建完成后，选择创建平面，如图 4-5 所示，然后选择对应机构的转轴点，保证三个轴点处于同一个平面。

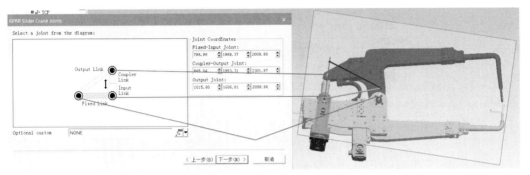

图 4-5　创建平面

若旋转点不在直线运动轴的延长线上，则需要设置 Offset，如图 4-6 所示。

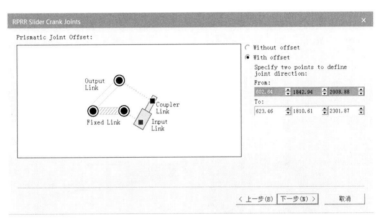

图 4-6　校正旋转点

根据提示类型选取之前定义完成的 Link 机构，也可以选取第一个选项重新定义 Link 元素，四大部分选取完成后点击 Finish 选项，定义曲柄机构结束。定义完成的曲柄机构如图 4-7 所示。

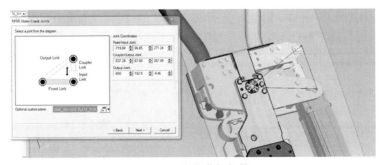

图 4-7　定义曲柄机构

⑥ 姿态定义：如图 4-8 所示，打开 Pose Editor，点击 New，定义机构的一些关键姿态（如全开、半开、关闭、初始位等姿态）。

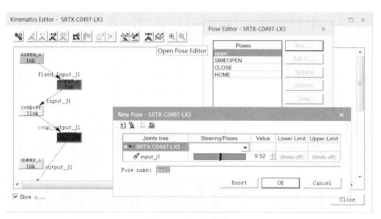

图 4-8　姿态定义

⑦ 定义 TCP 坐标和 BASE 坐标：如图 4-9 所示，点击 Modeling→Create Frame 命令创建坐标 TCP 方向，其中 Z 轴指向动臂，X 轴背离枪体（可以先任意创建一个坐标系后通过操纵或者重定位进行后续定位）。

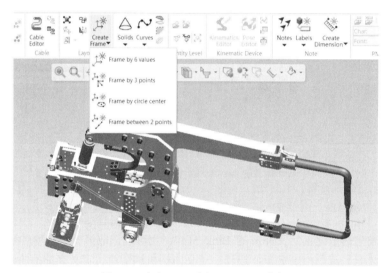

图 4-9　定义 TCP 坐标及 BASE 坐标

⑧ 定义工具类型：如图 4-10 所示，运行 Kinematics→Tool Definition，选择工具类型、TCP 坐标、BASE 坐标以及不检查干涉部分，如图 4-11 所示。

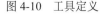

图 4-10　工具定义

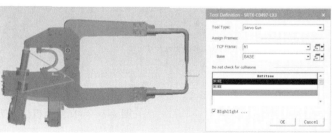

图 4-11　设置不检查干涉

⑨ 保存机构：在 Object Tree 中选中资源节点，点击命令 Modeling→End Modeling，完成对该机构的保存。

4.1.2　创建坐标系

在 Process Simulate 中，用坐标系 Frame 的值来表示某个具体的点的位置，用坐标系 Frame 的 X、Y、Z 的坐标来表示该点的方向。掌握和熟练运用坐标系是使用 Process Simulate 的基础。在 Process Simulate 中，无论是一些基本的应用（如介绍的移动对象位置、创建界面、测量尺寸等），还是仿真操作（装配仿真、人因仿真、点焊/弧焊仿真）等，都离不开坐标系的创建和运用。无论是定义对象本身的自身坐标系（Self-frame），还是机器人、焊枪等的工具坐标系（TCP Frame），都需要先学会正确创建坐标系。

（1）通过六个值创建一个坐标系

如图 4-12 所示，用户可以通过这种方法，指定 X、Y 和 Z 轴以及旋转的 X、Y 和 Z 轴来指定所创建坐标系的确切位置。点击相应的图标命令，在 "X" "Y" "Z" "Rx" "Ry" 和 "Rz" 字段中指定框架的位置和方向，在 Reference 字段中输入参照点，则坐标系的位置会在对象树中动态地反映出来，点击 OK 完成坐标系的创建。

通过这种方法，用户可以创建任意位置和方向的坐标系，当然，选定所需创建坐标系的参照点很重要，如图 4-12 所示，该方法就是以世界坐标系为参照点来创建的坐标系。所以，一般情况下会用这种方法，在确定了需要相对于参照点的偏移量的情况下，来创建坐标系。

（2）通过三点创建一个坐标系

用户可以通过这种方法，指定任意三点来创建一个坐标系。如果想要在平面上重定位一个对象的位置，那么使用此功能会非常有用。点击相应的图标命令，如图 4-13 所示，通过在图形查看器中选择三个点来定义一个平面，或者通过在对话框中为三个点指定 X、Y 和 Z 坐标来创建。第一个点确定框架的原点，第二个点确定 X 轴位置，第三个点确定 Z 轴位置。坐标系的位置会在图形查看器中动态地反映出来。如果有需要，可以点击单击在其 Z 轴上沿相反方向翻转坐标系。点击 OK 完成坐标系的创建。

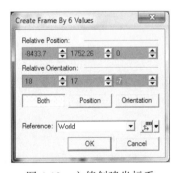

图 4-12　六值创建坐标系

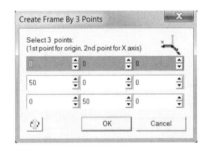

图 4-13　三点创建坐标系

（3）在圆心处创建坐标系

用户可以通过指定圆周上的任意三个点创建坐标系。圆的中心是自动计算的。点击相应的图标命令，如图 4-14 所示，在圆的圆周上指定三个点，方法是在图形查看器中选择相应的点，或者也可以通过在对话框中直接输入指定圆心中每个点的 X、Y 和 Z 轴的位置。圆的中心点是自动定义的。坐标系的位置在图形查看器中动态地反映出来。坐标系的方向将使得 Z 轴垂直于由三点定义的平面，并且坐标系的 X 轴将在第一点的方向上。如果有需要，可以点击单击 以在其 Z 轴上沿相反方向翻转坐标系。点击 OK 完成坐标系的创建。如果要将圆形部件（例如圆锥形状）重新定位到圆柱形形状的顶部，使用这种方法来创建坐标系，是非常方便的。

通过这种方法，可以得到最常用的场景就是创建诸如定位孔/螺纹孔的中心点坐标系位置。另外，需要说明的是，如果想要通过这种方法来创建该坐标系，并不一定要先找到完整的圆、半圆或圆弧，用户也可用创建正多边形的内切圆的方法找到圆心坐标系，如图 4-15 所示。

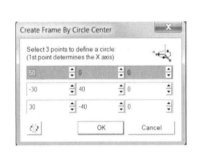

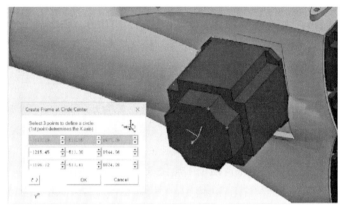

图 4-14　定义后圆心的位置　　　　　　图 4-15　在圆心处创建坐标系

（4）在两点间创建坐标系

用户可以通过指定两个特定点，在其连线的中点创建一个坐标系。点击相应的图标命令，如图 4-16 所示，在图形查看器中选择两个特定的点，或者也可以通过在对话框中直接输入这两个点的 X、Y、Z 值，这样坐标系的位置就在图形查看器中动态地反映出来了，坐标原点默认在两点中间位置，第二个点确定 X 轴方位。如果有需要，可以点击单击 以在其 Z 轴上沿相反方向翻转坐标系。点击 OK 完成坐标系的创建。如果想在两点之间的中间位置重新定位对象，那么这个方法非常有用。

对于矩形的平面和立方体，通过这种方法，一般只需要选择其任意两个对角点，就可以准确地找到它的中心位置坐标系，如图 4-17 所示。

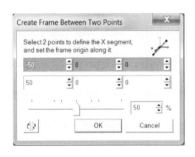

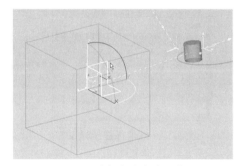

图 4-16　在两点间创建坐标系　　　　　图 4-17　对角点确定中心位置

从图 4-17 可以看到，通过这种方法找到的立方体中心位置的坐标系，它的方向是沿着其自身的对角线方向的，如果需要将所创建的位置摆正（方向和原点坐标系对齐），可以使用 Relocate 命令来实现。如图 4-18 所示，选择所创建坐标自身，移动到原点坐标系，但是在 X、

Y、Z 三个方向都限制它的移动，点击 OK 后，就会和原点坐标系对齐了。

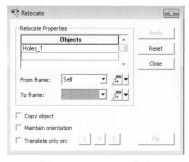

图 4-18　Relocate 命令

4.1.3　移动对象位置

Process Simulate 提供了几种用于改变或者移动对象位置的命令（工具），这些命令可用于改变产品、资源、坐标系等的位置和方向。

学会熟练使用移动对象位置相关的命令，是用 Process Simulate 进行仿真操作的基础，包括装配仿真、人因仿真、甚至机器人仿真操作等都离不开这些移动位置相关的命令，下面将对这些命令做一个简要的介绍。

Process Simulate 中主要的移动对象位置的命令有 3 种，分别是：快速放置 Fast Placement；放置操纵 Placement Manipulator；重定位 Relocate。

（1）快速放置 Fast Placement 命令

这是一个简单快捷的移动对象命令，它没有对话框，因此只能使用它来对对象进行粗略位置的移动，使用该命令可以同时移动多个对象，在图形查看器中通过鼠标拖拽的方式来实现移动。首先点击选中要移动的对象（如果想同时移动多个对象，则需要在选取对象的同时按住 Ctrl 键），点击 Modeling 选项卡→Layout→Fast Placement，即可使用快速放置命令，如图 4-19 所示。

图 4-19　Fast Placement 命令

如果想要退出快速放置 Fast Placement 命令，可以使用如下这三种方式：

① 再次点击快速放置 Fast Placement 图标；

② 点击 View 选项卡→Orientation→Select ；

③ 按一下 Esc 键。

（2）放置操纵 Placement Manipulator 命令

放置操纵是 Process Simulate 中比较常用的移动对象位置的命令之一，使用此命令，可以使所选对象沿 X、Y 或 Z 轴移动，并使对象绕着旋转轴进行旋转。利用放置操纵命令，也可以对多个对象进行位置的移动（如果想同时移动多个对象，则需要在选取对象的同时按住 Ctrl 键），选择好要移动（放置）的对象（或多个对象）以后，点击图形查看器中的放置操纵 Placement Manipulator 命令，会出现图 4-20 所示的对话框。

例如，可以练习利用放置操纵命令移动图 4-21 中转台的位置。在图形查看器或者对象树中选中转台（需要将 Picklevel 设置成 Component pick level）然后点击，可以看到在转台的中心出现了一个带弧形的操纵器坐标系。

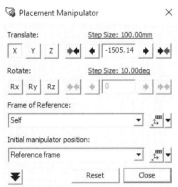

图 4-20　Placement Manipulator 命令

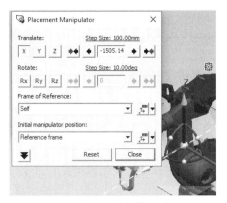

图 4-21　带弧形的操纵器坐标系

在放置操纵命令的对话框中，可以沿 X、Y 或 Z 轴移动所选对象，方法如下：

① 在"Translate"区域中，选择"X""Y"或"Z"，然后单击 ➡ 将该对象向前移动一步，或单击 ⬅ 将对象沿所选轴向后移动一步。可以点击蓝色的 Step Size，设置每次移动的步长的长度值。

② 选择"X""Y"或"Z"，然后单击 ➡➡ 以向前移动对象直至碰撞，或者单击 ⬅⬅ 以向后移动对象，直至沿选定轴碰撞。

③ 在图形查看器中，直接选择带弧形的操纵器坐标系的 X 轴、Y 轴或 Z 轴，并按住鼠标按钮，将对象拖动到所选轴上的所需位置。

在放置操纵命令的对话框中，可以沿"Rx""Ry"或"Rz"轴旋转所选对象，方法如下：

① 在"Rotate"所选对象中，选择"Rx""Ry"或"Rz"，然后单击 ➡ 以顺时针旋转对象一步，或者单击 ⬅ 以沿所选轴逆时针旋转对象一步。可以点击蓝色的 Step Size，设置每次转动的步长的角度值。

② 选择"Rx""Ry"或"Rz"，然后单击 ➡➡ 以顺时针旋转对象，直到它碰撞，或者单击 ⬅⬅ 以逆时针旋转对象，直到它沿着所选轴碰撞。

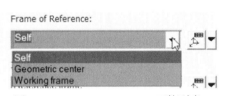

图 4-22　Frame of Reference 下拉列表

③ 在图形查看器中，选择机器人框架的 X、Y 或 Z 弧，并按住鼠标左键，将对象转动到所选轴上的所需位置。从移动或旋转对象的"Frame of Reference"下拉列表中选择一个坐标系，该坐标系的位置就是图 4-21 中的带弧形的操纵器坐标系。

"Frame of Reference"下拉列表的选项如图 4-22 所示。

其中"Self"是默认设置，表示所选对象的自身坐标系。

"Geometric center"：位于所选对象几何中心的参考坐标系。选择多个对象时，Geometric Center 位于包括所有对象的边界框的几何中心。

"Working frame"：工程数据中所有对象的参考坐标系。可以通过创建新数据来创建工作坐标系。

用户也可以通过单击"Frame of Reference"按钮旁边的下拉箭头，自行创建一个坐标系作为参考坐标系。

如果用户从列表中下拉，选择三个坐标系中的任何一个，它将在下一个会话中保留。如果用户选择的坐标系不在列表给出的三个选项中而是自行创建的临时坐标系，则该坐标系不会保留，在用户下一次打开对话框时，"Frame of Reference"会选择默认的"Self"坐标。

（3）重定位 Relocate 命令

重定位是 Process Simulate 中另一个常用的移动对象位置的命令。使用重定位命令，用户可以将对象重新定位到一个确切的位置。用户可以放置一个对象，以便它保持其原始方向或放置一个对象，以使其占据目标坐标系方向。如果选择一个实体，则在该实体的组件上打开重新定位。如果某个组件处于建模（Set modeling）模式中，则将在该实体本身上打开重新定位。只有当用户先选取了一个或者多个对象后，才能使用重定位命令。重定位命令栏如图 4-23 所示。

图 4-23　重定位命令栏

综上，可以利用重定位命令移动转台的位置：在图形查看器或者对象树中选中转台（需要将 pick level 设置成 component pick level），然后点击 Relocate，弹出重定位命令的对话框。

具体操作如下：

① 在 "From" 坐标系下拉列表中，选择一个坐标系，或者自建一个坐标系，作为移动转台的起始位置。需要注意的是：如果被重定位的对象处于建模模式下，那么 "From" 坐标系下拉列表中，将包括几何中心、工作坐标系及正在重新定位的第一个对象的所有坐标系。如果未处于建模模式下，则列表仅显示其保留的坐标系。选定的参考坐标系会显示在图形查看器中的对象上。

② 在 "To Frame" 处，选择好需要重定位的最终位置的坐标系。"From 和 To Frame" 的坐标系在图形查看器中以连接线显示，如图 4-24 所示。

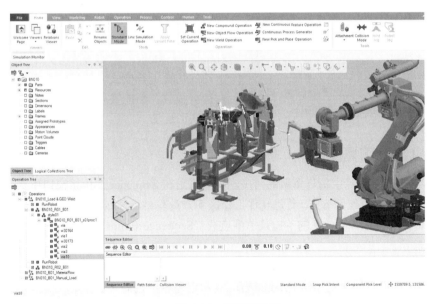

图 4-24　图形查看器

如果勾选了 "Copy Object" 选项，则会复制所选的对象，以重新定位对象的副本，并将选定的对象保留在其原始位置。如果勾选了 "Maintain Orientation" 选项，会将所选对象从参考坐标系到目标坐标系做直线距离移动，而不更改其方向。如果用户不选择此复选框，则被重定位对象将和目标坐标系的方向保持一致。勾选 "Translate only on" 可以限制移动到选定的一个或多个轴。用户可以选择 "X" "Y" 和 "Z" 来限制对象沿一个方向或多个方向移动。

③ 点击 Apply。所选对象按指定方式移动,参考坐标系和目标坐标系匹配。或者点击 Reset 将重新定位的对象返回到其原始位置。单击 Flip 以翻转重新定位的对象并反转其 Z 轴方向。单击 Close 关闭重定位对话框。

4.2 机器人仿真方法

4.2.1 概述

机器人生产线的虚拟仿真运行基本上可以分为两种模式,一种是基于时序驱动的仿真运行模式,另一种是基于事件驱动的仿真运行模式,机器人仿真实例如图 4-25 所示。其中时序驱动运行是按照时间先后关系依次投入相关设备的一种仿真模式,这种仿真驱动模式通过人为设定时间长度决定设备进入仿真运行的时机。而真实的机器人生产线都是按照信号交互的逻辑关系自动决定设备投入运行的时机,在仿真软件中这种通过信号交互的逻辑关系进行设备仿真运行的模式称为事件驱动仿真运行模式,也称为虚拟调试(Virtual Commissioning)。与基于事件驱动的仿真运行模式相比,基于时序驱动的仿真运行模式是一种理想的仿真运行模式,在真实的机器人生产线中很少使用,但是仿真操作较为简单。

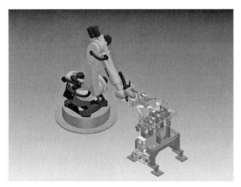

图 4-25 机器人仿真实例

在 Process Simulate 软件中,一般情况下都是使用基于时序驱动的仿真运行模式进行机器人生产线工艺规划,对于有信号逻辑关系要求的仿真项目还会按照基于事件驱动的仿真运行模式进行仿真。基于时序驱动的仿真运行模式一般是在软件的"Standard Mode"中实现的,而基于事件驱动的仿真运行模式是在"Line Simulation Mode"中实现的。无论是基于时序驱动的仿真运行模式,还是基于事件驱动的仿真运行模式,都能实现机器人生产线中所有设备的联动运动。

4.2.2 机器人仿真操作

Process Simulate 软件中仿真资源的时序驱动配置是在 Sequence Editor 窗口中实现的,此窗口默认显示在软件工作区下方。若是软件工作区下方没有显示 Sequence Editor 窗口,则可以在软件 Home 菜单栏中 Viewers 的下拉菜单中点选"Sequence Editor",Sequence Editor 窗口即可被打开显示。

在软件左侧的操作浏览树 Operation Tree 窗口中选择要进行时序驱动运行的仿真工艺操作节点,可以是一个设备的独立操作(Operation),也可以是整个机器人工作站的操作(Station),或者是整个机器人工作区域(Zone),也可以是整条机器人生产线(Line)。

选择完仿真工艺操作节点后,在软件 Operation 菜单栏下点击"Set Current Operation"命令按钮,或者右击工艺操作节点,在弹出的快捷菜单中选择"Set Current Operation",也可以在选择工艺操作节点之后直接按"Shift+S"快捷键,此时工艺操作节点被添加到 Sequence Editor 窗口中,并且工艺操作节点之间的时序关系以甘特图的形式显示。

工艺操作节点时序甘特图以长短线段的方式直观地显示出每一台设备运动机构动作的持

续时间，并且以指向线的形式标示出设备与设备之间的先后运行关系，Sequence Editor 窗口如图 4-26 所示。

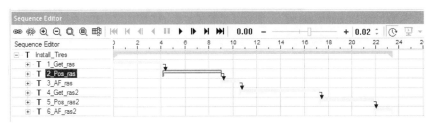

图 4-26　Sequence Editor 窗口（一）

对于高版本的 Process Simulate 软件，工艺操作节点被添加进 Sequence Editor 窗口之后，软件会默认按照在 Process Designer 软件中的工艺操作设置顺序（Pert Viewer 中设置）进行时序链接。为了能够更加清晰地显示各个工艺操作节点之间的时序关系，可以在 Sequence Editor 窗口中拖动工艺操作节点对其进行排序，如图 4-27 所示。

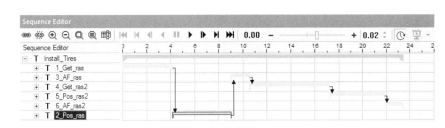

图 4-27　Sequence Editor 窗口（二）

若是需要改变工艺操作节点之间的链接关系，则可以先选择有链接关系的两个工艺操作节点，再点击窗口上方的"Unlink"工具按钮，将已有的链接断开。然后选择需要建立新链接的工艺操作节点，点击窗口上方的"Link"工具按钮将其重新链接。

在 Sequence Editor 窗口中，点击上方的"Play Simulation Forward"按钮启动仿真运行，可以看到软件工作区中工装夹具运动机构以及机器人按照设置的时序逻辑自动完成既定的仿真任务，并且仿真运行的总时长与工艺操作节点时序甘特图中显示的总时长一致。

仿真运行结束后，点击上方的"Jump Simulation to Start"按钮，所有的仿真设备恢复原始状态，以便下一次仿真运行。

4.2.3　机器人安全仿真

近些年来，随着国内制造业转型升级，以及"中国制造 2025"和"工业 4.0"的不断推进，工业机器人应用实现了爆发式增长，在国内很多行业中得到了广泛的应用，包括汽车及汽车零部件制造业、机械加工行业、高科技电子行业等领域中。这里用户应该清醒地意识到，在工业机器人提升工作效率和产品品质的同时，其安全生产问题也应该是重中之重。

目前，在大多数机器人系统中都是通过定义与机器人自身基座相关的各种几何图形，向机器人描述安全性，让机器人在运行期间或运行之前使用机器人控制器来处理计算这些安全设置。机器人加工车间如图 4-28 所示。

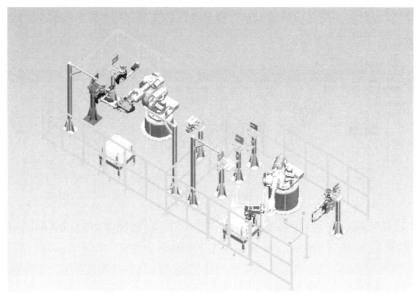

图 4-28 机器人加工车间

（1）机器人安全面临的挑战

目前，机器人安全生产面临以下挑战：

① 安全设计 机器人安全的设计质量、OEM 要求以及现有产线的安全概念相对薄弱，在布局规划和周期优化时需考虑众多机器人安全问题，例如：机器人的最佳安装位置，包括机器人的安装高度；机器人的安全围栏设计，包括机器人运动最大包络面；机器人安全围栏及安全门应带有感应装置；机器人作业程序与控制信号同步等。这些都容易出现现场安全问题。

② 协同 机器人安全的定义在研发设计部门和生产部门之间需进行多次转换，每次都需要进行验证，容易出错。

③ 虚拟调试 实际调试期间遇到的安全问题很难识别和解决，不仅浪费时间，还很难彻底解决安全隐患。

④ 机器人品牌 各大机器人厂商的机器人都配备有各自的安全技术，例如 ABB 的 SafeMove，Fanuc 的 DCS，KUKA 的 KUKA.safe 等。不同机器人品牌对机器人安全性的定义不同，技术门槛高，需要技术专家才能解决相关问题。

为应对上述挑战，更好地帮助企业实现机器人安全生产，西门子工业软件在其机器人与自动化解决方案的基础上推出了机器人安全解决方案。其目的是充分利用先进的数字化仿真技术，基于数字孪生模型在虚拟环境中进行机器人安全规划和设计，并进行虚拟仿真验证，提前发现安全漏洞，在实际生产前彻底解决机器人安全隐患。

（2）Process Simulate 机器人安全解决方案

西门子机器人安全解决方案基于 Tecnomatix Process Simulate 工艺仿真平台，Process Simulate 机器人安全（Safety Robots）是 Process Simulate 工艺仿真的一个扩展功能，用于仿真模拟机器人的安全区域和安全特征。

Process Simulate 运行时，在菜单选项卡上可以找到以下有关机器人安全的命令：Safety Robots Manager 机器人安全管理器，Safety Robots Options 机器人安全配置选项，Safety Robots Documentation 机器人安全文档。

该解决方案支持各种机器人品牌的安全设计,具有统一的图形用户界面,并支持机器人本地导出和导入,方便跨部门和组织直接进行数据交换。Process Simulate 机器人安全解决方案具有以下四项关键能力:

① 基于工程数据,将机器人安全配置三维可视化,在早期就将安全设计做好,提高安全设计质量。

② 安全数据可以从实际到虚拟直接导入和导出,安全设计行为的标准文件直接来自工程部门,作为安全审查和批准的焦点。这一点很重要,避免了大量的时间浪费。

③ 在虚拟环境中首先验证和解决安全概念,避免车间事故,也节省了时间。

④ 不同角色用户可以使用单一简易用户界面与多个机器人品牌合作,降低技术门槛,减少对技术专家的依赖。

机器人安全管理器允许用户创建和可视化各种机器人品牌的三维体积(3D Volumes),以便能够以图形方式计划和分析机器人运动,同时易于获取所有与机器人安全相关的信息。用户可以从以下四个维度进行机器人安全管理。

① 机器人安全设计可视化,如图 4-29 所示。

机器人安全设计可视化包括:机器人安全要素的三维可视化;简单的图形配置,易于操作;支持多个机器人品牌,具有统一的用户界面。

如图 4-30 所示,交互式图示化方法易于将机器人安全可视化。

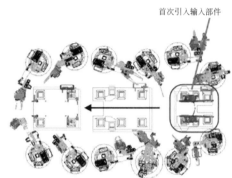

图 4-29　安全设计可视化

图 4-30　交互式场景

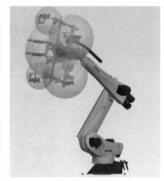

图 4-31　运动包络可视化

如图 4-31 所示,将机器人的运动包络可视化,验证其是否超出机器人安全周界。

② 机器人安全文档。机器人安全设计的输出物是安全文档,在这方面,Process Simulate 机器人安全解决方案提供了机器人安全文档(Safety Robots Documentation)功能,使用数字孪生快照可以自动创建机器人安全报告。如图 4-32 所示为智能工具界面,该功能有助于将安全配置捕获到报告中。

如图 4-33 所示,在数字化环境中可以直接抓

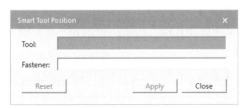

图 4-32　智能工具界面

取配置快照。

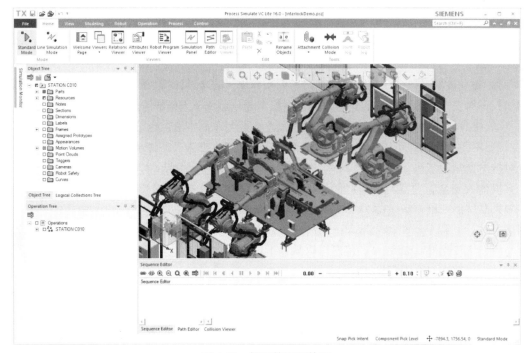

图 4-33　抓取的配置快照

如图 4-34 所示，为每个安全对象添加快照截图以完成报告，然后将安全报告导出到 Excel 文件中。

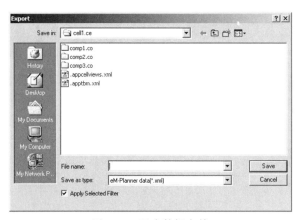

图 4-34　导出数据文件

最后通过对安全概念的数字化评审，加快整体机器人安全设计。

③ 安全生命周期管理，从工程设计到生产的全生命周期管理，包括：输出安全数据到机器人，从机器人导入安全数据，安全方案比较与合并。

在设计阶段，从全面详细的安全规划开始，直接导出机器人原生模型定义的安全信息；在机器人端，直接导入工程设计数据，如图 4-35 所示。

不仅如此，安全生命周期管理还支持安全数据的闭环管理，将安全数据从生产环境回传到工程设计，车间发生的更改影响到安全配置，例如，因生产变化而增加的新区域，由于生产设施的变化而改变的现有区域等。

图 4-35　导入工程设计数据

首先，从生产环境以机器人本机语法导出安全数据，如图 4-36 所示。

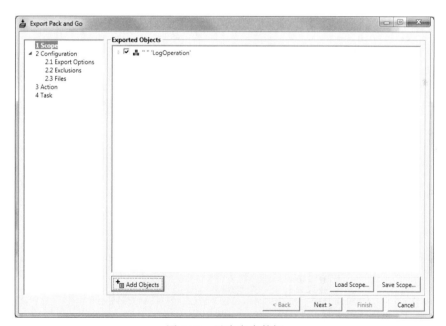

图 4-36　导出安全数据

然后，将数据直接回传到 Process Simulate。在 Process Simulate 环境中，导入的配置与设计配置可以并排显示。

再通过拖拽方式将新的安全设置合并到设计环境。

④ 虚拟调试功能，通过安全相关场景的早期测试，减少调试时间并提高 PLC 代码质量，

具体包括：循环事件评估器(CEE)支持序列逻辑和控制信号的虚拟验证,硬件和软件在环(HiL、SiL) 提供与真实和虚拟 PLC 的连接,基于生产计划的机器人仿真。

在 Process Simulate Line Simulation 模式下的可视化环境中创建用于安全周界检测的接近传感器,用于安全周界的动态检测。

（3） Process Simulate 机器人安全解决方案收益

Process Simulate 机器人安全解决方案是西门子数字化制造解决方案 Tecnomatix 的新功能,在工业机器人应用快速发展的当下,该功能的推出可谓恰逢其时,帮助企业在生产中安全可靠快捷地部署机器人,更好地推动企业数字化转型,实现智能制造。预计在机器人安全生产方面可以给企业带来的收益如下：

① 通过高质量虚拟安全验证避免机器人事故和伤害；

② 虚拟调试机器人应用程序,提高机器人程序的安全性；

③ 改善部门间的沟通以提高机器人安全规划质量。

4.3 机器人仿真操作

4.3.1 连续特征路径的路径建立

① 如图 4-37 所示,在 OP10 工位下新建一个资源,Create New Resource。

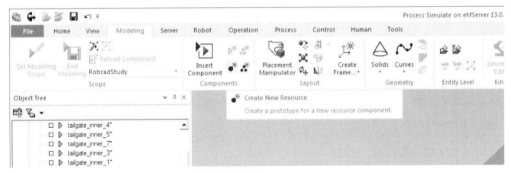

图 4-37 Create New Resource

新建资源的节点类型为 ToolPrototype,点击 OK,如图 4-38 所示。

图 4-38 选择节点类型

② 选择 Modeling→Curves→Create Curves，如图 4-39 所示。

图 4-39　选择 Modeling

③ 通过选取零件上的点的位置来创建用户需要的曲线，选取完毕之后点击 OK，如图 4-40 所示。

图 4-40　选择合适的曲线

④ 创建完曲线，需要将曲线定义为连续制造特征。在 Process 下选择 Create Continuous Mfgs form Curver，然后选择 Curve1，点击 OK，如图 4-41、图 4-42 所示。

图 4-41　对曲线进行定义（一）

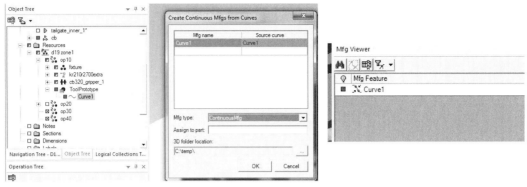

图 4-42　对曲线进行定义（二）　　　图 4-43　对曲线进行定义（三）

⑤ 打开 Mfg Viewer，可以看到新建的曲线已经定义为连续制造特征 Mfg，如图 4-43 所示。

⑥ 接着需要根据新建的 Curve1 建立一条路径。选择 Operation→New Operation→New Continuous Feature Operation，如图 4-44 所示。

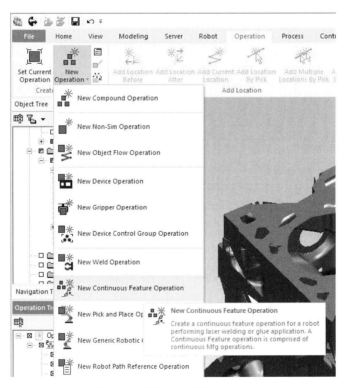

图 4-44　新建一条路径（一）

在弹出的对话框内选择机器人 kr210r2700extra，Scope 设置为 op10，Continuous Mfgs 设置为 Curve1，完毕后点击 OK，如图 4-45 所示。

⑦ 路径在自动生成的时候可以通过选择 Projection Parameters 来定义创建的参数。采用 Tolerance Based Spacing 建立路径的时候，会根据最大的间隔距离来规划路径中各点之间的间距。而采用 Equal Distance Spacing 建立路径的时候则会根据输入的间隔参数等距离地间隔各

个路径中的点，如图 4-46 所示。

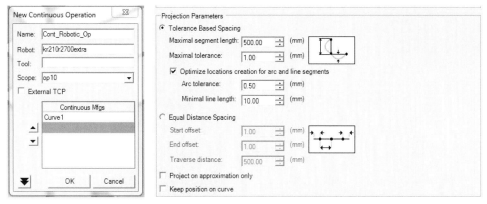

图 4-45　新建一条路径（二）　　　　　　图 4-46　修改路径参数

⑧ 点击生成之后，在涂胶路径 Cont_RoboticP_Op 会生成涂胶的 Location，至此路径建立完成，如图 4-47 所示。

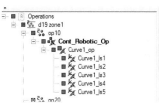

图 4-47　路径建立完成

4.3.2　设备的运动学定义

前文介绍了设备对象的插入、布局、设备操作的定义。Tecnomatix Process Simulate 软件本身也提供了机构运动学交互式定义工具，在某些情况下，用户还是需要访问关于运动学的 Link、Joint 的细节。例如，用户在 CAD 工具中按照标准化的零部件结构和命名规范完成了夹具设计，并导出相应模型，夹具的拓扑结构关系是确定的，但是几何关系是不一样的，如果用户利用二次开发工具导入这个结构，依据结构定义的相关标准化信息，用户就可以自动化地定义零部件成为运动机构。

目前，Process Simulate 的 Line Designer 可以进行设施的布局，也可直接在 Line Designer 中定义运动机构，完成后可以导出一个三维 JT 文件和一个 PLMXML 的关系描述文件，Process Simulate 可以直接导入 JT 和这个 PLMXML 文件，自动创建相应的运动机构模型。但是对于其他 CAD 的用户，就没有这么幸运了，只能手工导入和手工添加运动机构，当 CAD 几何模型发生修改的时候，这个过程就需要再来一遍。

本节主要对这一关键技术路径进行一些探索，关于结构描述文件的解读，比如读取 XML 或 JSON 定义的文件，就不讨论了，本节主要还是关注 Tecnomatix Process Simulate .NET API 的使用。具体的场景是：用户在 CAD 中定义了三个零件 P1、P2、P3，零件间的运动关系为 P1 是基准零件，P1 与 P2 之间是平移，Z 轴向上，用户建立了一个基准坐标系指明其方向（Z 轴正方向），P2 与 P3 之间是回转，Z 轴在世界坐标的 Y 方向，用户也用一个坐标系指明其方向，如图 4-48 所示。

从 NX 中导出 JT 文件，选择单个文件类型，并且将坐标系也导出，试着手工导入这个 JT 到 Process Simulate，设置建模空间后，可以看到的数据结构如图 4-49 所示。基于此数据结构，试着用二次开发的命令，实现运动机构的创建。

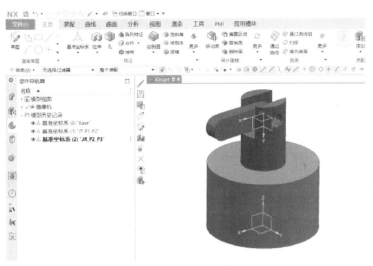

图 4-48　构建模型

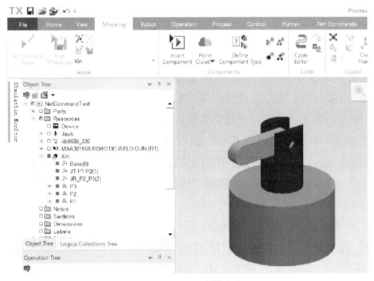

图 4-49　设置建模空间

相关类及成员函数：第一个是 Link 的创建，TxDevice 类的成员函数 CreateLink，创建完成后的 Link 对象是 TxKinematicLink 类型，向里面添加几何对象，需要使用 TxKinematicLink 类的 AddElements 成员函数。至于如何找到每个部件的几何位置，用户可以尝试使用对象的类型和对象的名称来获取。另一个类用于创建 Joint，TxDevice 类的成员函数 CreateJoint，其输入参数用 TxJointCreationData 来管理。

以下是对创建和管理过程的详细解释：

```
Dim MyDevice As TxComponent
Dim LinkData AsNew TxKinematicLinkCreationData
Dim DeviceLink1 As TxKinematicLink
Dim DeviceLink2 As TxKinematicLink
Dim DeviceLink3 As TxKinematicLink
Dim deviceType As Type = GetType(TxComponent)
```

```
Dim MyDeviceList As TxObjectList
Dim GeoGroup As TxGroup
Dim GeoGroupList As TxObjectList
Dim linkelement AsNew TxObjectList(Of ITxKinematicLinkElement)
Dim LinkJointData AsNew TxJointCreationData
Dim LinkJoint As TxJoint
Dim deviceType As Type = GetType(TxComponent)
Dim deviceTypeFilter AsNew TxTypeFilter(deviceType)
MyDeviceList = TxApplication.ActiveDocument.PhysicalRoot.GetAllDescendants
(deviceTypeFilter)
```

如果名称要按用户需求命名，就在该设施下创建 Link 和 Joint。

```
ForEach MyDevice In MyDeviceList
If MyDevice.Name = "Kin"Then
LinkData.Name = "LP1"
DeviceLink1 = MyDevice.CreateLink(LinkData)
        EndIf
    Next
```

其他两个 Link 如法炮制，接下来创建 Joint。首先是创建 Joint 对象，需要制定父 Link 和子 Link、Joint 类型以及 Joint 方向（使用两个向量描述的起点和终点，这个和用户在交互界面上定义方向的用法是一致的）。

```
With LinkJointData
 .Name = "J1"
 .ParentLink = DeviceLink1
 .ChildLink = DeviceLink2
 .JointType = TxJoint.TxJointType.Prismatic
 .SetAxisPoints(New TxVector(0,0,0), New TxVector(0,0,100))
EndWith
LinkJoint = MyDevice.CreateJoint(LinkJointData)
```

最后，为每个 Joint 指定其运动范围，分类型和上下限值。这里注意，如果是回转运动副，上下限的数值是以弧度来表示的。

执行效果如图 4-50 所示。

图 4-50　执行效果图

4.4　用户定制设置

　　用户可以自定义键盘快捷键、快速访问工具栏和上下文菜单，以适应用户的组织和工作环境。同时可以使用安装应用程序时提供的工厂工具设置在默认环境中工作，或者根据需要添加或删除选项，定制特定于用户个人需求的工具。

4.4.1　自定义功能区

　　可以右键单击"Ribbon"进行定制，如图 4-51 所示。在使用 Process Simulate 时可随时单击"重置"取消所有自定义设置，并返回出厂设置。

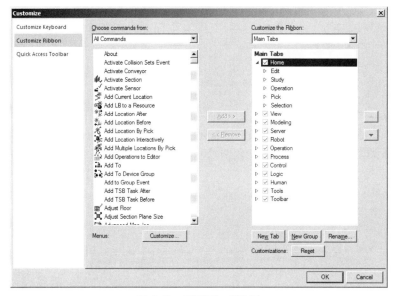

图 4-51　"定制"对话框

　　"定制"对话框包含以下定制选项卡：定制键盘；定制功能区标签；自定义快速访问工具栏。

　　在该对话框下，可以实现以下功能，自定义功能区如图 4-52 所示。

图 4-52　自定义功能区

① 右键单击"Ribbon"并选择最小化 Ribbon 进行隐藏,第二次这样做就会显示出功能区。

② 默认情况下，右面板中自定义 Ribbon 右列表中列出的所有 Ribbon 选项卡都会被选中并显示出来，用户可以清除任何选项卡的复选框。

③ 右键单击任意选项卡名称，选择"设置为工具栏"，选中的选项卡从 Ribbon 中移除，并显示在一个浮动窗口中。这很有用，例如，如果用户希望在一个显示器上显示功能按钮，并在另一个显示器上工作，该操作即可。

④ 若要取消"设置为工具栏"并返回一个选项卡，可单击工具栏右上角的 ，或在"自定义"对话框的自定义 Ribbon 选项卡中选中相关的复选框。

⑤ 单击"快速访问工具栏"右下角的箭头，可以执行以下操作：

a. 启动快速访问工具栏上的任何命令；

b. 单击"更多命令"，自定义快速访问工具栏，可参见自定义快速访问工具栏；

c. 单击"最小化功能区"以隐藏功能区；

d. 在浮动窗口中显示"快速访问工具栏"。

4.4.2　自定义鼠标

（1）属性设置

Tecnomatix 应用程序中的默认鼠标行为类似于 NX 应用程序。要显示默认鼠标功能的图形表示，可右键单击"Ribbon"并选择自定义 Ribbon 以打开自定义对话框，如图 4-53 所示。

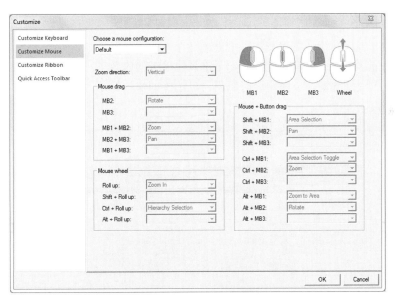

图 4-53　自定义鼠标设置

Default——提供常用的鼠标行为，类似于 NX 应用程序。这是一个固定的配置，所有参数都是只读的。

Legacy——提供类似于 Tecnomatix 应用程序早期版本的鼠标行为。这是一个固定的配置，所有参数都是只读的。

Custom——使用户能够定制每个按钮以满足用户的需求（起始点是 Default 定制）。用户的自定义设置在所有进一步的工作会话中保持活动状态，直到用户修改它们。用户还可以在迁移到下一个软件版本后快速实现相同的定制。

用户可以自定义鼠标行为以适应自己的工作习惯。可以自定义每个鼠标按钮，以便在拖动鼠标时单击或按下时执行一个操作。鼠标按钮和滚轮的各种组合，以及 Shift、Alt 和 Ctrl 按钮，为图形查看器中常用操作定义快捷方式提供了灵活性。

（2）自定义鼠标按钮

有些按钮组合不能自定义，因为它们是为特定操作保留的。例如，单击 MB3（鼠标右键）预留用于打开上下文菜单，拖动时按住 MB1（鼠标左键）预留用于拖动菜单。

① 右键单击 Ribbon 并选择 Customize the Ribbon 打开上面显示的 Customize 对话框。

② 单击 "Custom mouse" 页签。

③ 如果选择 "Custom"，可在对话框中配置以下参数组：

a. 缩放方向——指定缩放显示时拖动鼠标的方向。默认情况下，通过垂直拖动鼠标来实现缩放。如果选择 Legacy，则通过水平拖动鼠标来实现缩放；如果选择 Custom，则可以设置自己的首选项。

b. 鼠标拖动——使用户能够配置在拖动鼠标时单击各种鼠标按钮时执行的操作。例如，用户可能希望使用 MB3 来平移显示，使用 MB1+MB3 来旋转显示。

c. 鼠标滚轮——允许用户配置当滚动鼠标滚轮时按下键盘上的控制按钮时执行的操作。例如，如果用户在其他程序中习惯了相同的设置，用户可能希望使用 Ctrl+Roll up 来放大显示。

d. 鼠标+按钮拖动——使用户能够配置当单击各种鼠标按钮和按下键盘上的控制按钮时，拖动鼠标执行的动作。配置 Shift+MB1 的选项如图 4-54 所示。

4.4.3 自定义键盘

当按下 F10 键时，用户可以分配一个键或几个键的组合来执行特定的功能。用户还可以为已经分配了键盘快捷键的函数分配一个或多个额外的键，或者用户可以用自己选择的快捷键替换已分配的键。

① 在 "自定义" 对话框中选择 "自定义键盘" 页签，如图 4-55 所示。

图 4-54　配置 Shift+MB1

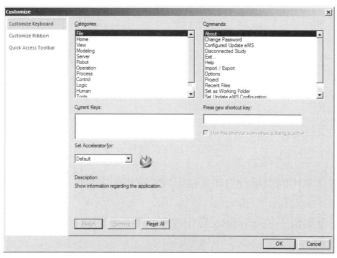

图 4-55　自定义对话框

② 在左边面板中选择一个 Category，在右边面板中显示它的命令。

③ 在 Commands 面板中，选择要为其定制快捷键的命令。在选择命令时，"描述"字段会显示该命令的简要说明，"当前键"字段会显示之前为该命令分配的快捷键。

④ 单击 Press new shortcut key 字段，并按下要指定为命令快捷方式的键盘键组合。例如，用户很多想分配<Ctrl+Alt+Insert>键到阴影模式选项命令。如果需要的组合键已经分配给了另一个命令，则会显示消息，说明该组合键之前分配给了哪个命令，如图 4-56 所示。

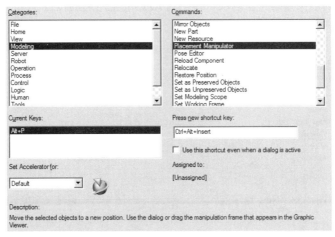

图 4-56　命令快捷方式

在"自定义键盘"页签中，用户可以通过以下方式修改键盘快捷方式：
① 通过在 Commands 面板中选择键盘快捷方式的名称并单击 Remove 来删除键盘快捷方式。
② 通过单击"重置全部"恢复所有键盘快捷键的默认设置。

4.4.4　自定义功能区选项卡

用户可以从 Ribbon 选项卡添加和删除按钮，并根据需要创建和定制新的选项卡。用户还可以隐藏 Ribbon 选项卡，指定是否应该显示工具提示，并将定制的 Ribbon 返回到默认设置。

① 右键单击 Ribbon 并选择 Customize the Ribbon，出现"自定义"对话框，"自定义功能区"选项卡处于活动状态，如图 4-57 所示。

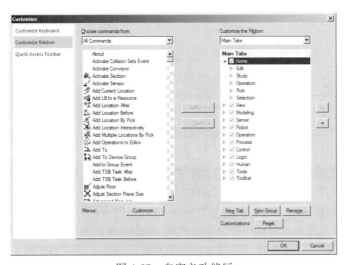

图 4-57　自定义功能区

② 单击 New 选项卡，一个新的 Ribbon 标签被插入主标签列表中，新的标签被一个空的 New Group 按钮填充，如图 4-58 所示。

③ 右键单击新选项卡并选择 Rename。

④ 为新选项卡键入一个名称，然后单击 OK。

⑤ 以相同的方式重命名新组。

⑥ 使用右边的箭头按钮将新选项卡移动到 Ribbon 上所需的位置，如图 4-59 所示。

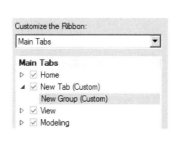

图 4-58　New 选项卡　　　　　　　图 4-59　自定义功能区

⑦ 向新组添加命令。

a. 选择新组（或任何组）；

b. 从"从列表中选择命令"列表顶部的下拉列表中，选择命令类别或保留"所有命令"的默认设置；

c. 从列表中选择命令将使用所选类别中可用的命令重新填充，以方便查找所需的命令；

d. 从选择命令中选择一个命令；

e. 单击 Add，该命令被添加到所选的组中；

f. 添加希望组包含的所有命令；

g. 如果需要，选中所选组中的命令，单击删除，将该命令从组中删除。

⑧ 点击 OK，新选项卡显示在 Ribbon 上，如图 4-60 所示。

图 4-60　自定义的新选项卡

此外，在"自定义"对话框的"工具栏"页签中，还可以对工具栏进行如下修改：

① 通过在"工具栏"字段中选择或取消选择工具栏名称，在"过程模拟"窗口中显示或隐藏工具栏。

② 通过在"工具栏"字段中选择工具栏名称并单击删除，可以删除工具栏。

③ 通过在"工具栏"字段中选择工具栏名称并单击重命名来重命名工具栏。

④ 确定添加到新选项卡组的命令在 Ribbon 中显示为大图标还是小图标。对于小图标，可以选择是否将命令名文本与图标一起显示。即使 Ribbon 在没有足够空间的情况下将大图标变成小图标，用户也可以选择在任何情况下显示大图标（总是大图标和文本），相反，即使有足够的空间放置大图标，也总是显示小图标。

⑤ 通过将工具栏按钮拖离工具栏，或将其拖到自定义对话框的任何选项卡，可以从工具栏中删除命令。

⑥ 通过单击"默认设置"恢复所有工具栏的默认设置。

4.4.5　自定义上下文菜单

用户可以通过添加选项或删除选项来定制右键上下文菜单，具体操作如下。

① 在"定制"对话框的"定制 Ribbon"选项卡中，单击"定制"。出现的"自定义命令"对话框如图 4-61 所示。所使用的命令被分类，在"类别"列表中选择类别，将在"命令"字段中显示所选类别中可用的命令。还可以选择"所有命令"，以显示整个命令列表。

图 4-61　定制 Ribbon

② 单击菜单选项卡，如图 4-62 所示。

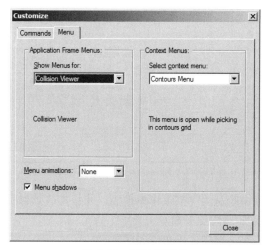

图 4-62　菜单选项卡

③ 从下拉列表的"显示菜单"中，选择要修改其上下文菜单的"查看器"，将显示所选查看器的只读描述。

④ 从"选择上下文菜单"下拉列表中，选择要修改的上下文菜单。选中的上下文菜单显示

在"定制"对话框旁边，菜单的只读描述显示在"选择上下文菜单"字段下面，如图 4-63 所示。

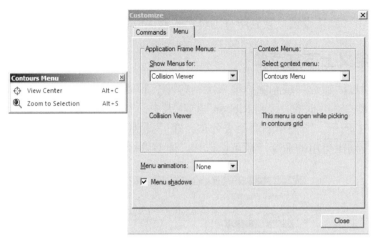

图 4-63　选择上下文菜单

⑤ 从"菜单动画"中，选择一种显示动画类型，以设置所选上下文菜单打开的方式，如图 4-64 所示。

⑥ 单击 Commands 选项卡，为选定的上下文菜单配置命令：

a. 从"类别"列表中选择一个命令类别。"命令"列表中重新填充了所选类别中可用的命令，以方便查找所需的命令。

b. 从"命令"列表中，将命令拖到上下文菜单中，并将其放到所需位置，如图 4-65 所示。

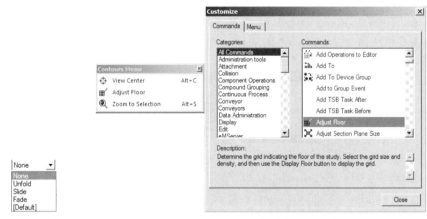

图 4-64　菜单动画　　　　　　　　　　图 4-65　"命令"列表

c. 如果需要，将任何命令从上下文菜单中拖出，并将其放到自定义对话框的任何位置。

d. 在上下文菜单中添加/删除更多命令。

e. 在"自定义命令"对话框中，单击"关闭"。

⑦ 根据需要配置其他上下文菜单。

4.4.6　自定义快速访问工具栏

用户可以在 Ribbon 下方显示"快速访问工具栏"，以便快速访问常用的命令。要显示工具栏，右键单击 Ribbon 并选择 Ribbon 下方的"显示快速访问工具栏"。如果用户再次右键单击 Ribbon，其可以选择在 Ribbon 上方显示快速访问工具栏，具体操作如下。

① 右键单击 Ribbon 并选择自定义快速访问工具栏，出现"自定义"对话框，并且"快速访问工具栏"选项卡处于活动状态，如图 4-66 所示。

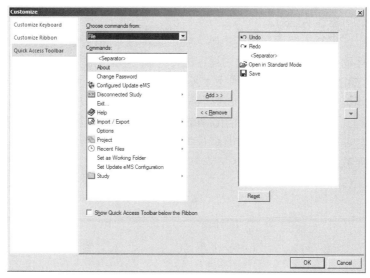

图 4-66 "自定义"对话框

② 添加命令到快速访问工具栏：

a. 从"从列表中选择命令"列表顶部的下拉列表中，选择命令类别。从列表中选择命令将使用所选类别中可用的命令重新填充，以方便查找所需的命令。

b. 从选择命令中选择一个命令。

c. 单击 Add，该命令被添加到"快速访问工具栏"中，并出现在右侧面板中。

d. 添加希望在快速访问工具栏中显示的所有命令。

e. 在右侧面板中选择一个命令，并使用右侧的箭头按钮来更改其在工具栏中的位置。

f. 如果需要，在选中的组中选择一条命令，单击"删除"，将其从"快速访问工具栏"中删除。

③ 可选的功能，做以下任何一种：

a. 设置或清除 Ribbon 下方的"显示快速访问工具栏"，以显示或隐藏快速访问工具栏（在退出自定义对话框后）。

b. 单击"重置"将"快速访问工具栏"返回出厂设置。

④ 点击 OK，更新显示内容。

⑤ 用户也可以右键单击 Ribbon 上的任何按钮，并选择添加到快速访问工具栏。

本章
总结

随着机器人应用领域越来越广，传统的示教编程在有些场合变得效率非常低下，于是离线编程应运而生，并且应用越来越普及。机器人离线编程，是指操作者在编程软件里构建整个机器人工作应用场景的三维虚拟环境，然后根据加工工艺等相关需求，进行一系列操作，自动生成机器人的运动轨迹，即控制指令,然后在软件中仿真与调整轨迹,最后生成机器人执行程序传输给机器人。

Process Simulate 机器人装配仿真技术可利用工艺数字化样机对产品可装配性、可拆卸性、可维修性进行分析、验证和优化,对产品的装配工艺过程包括装配顺序、装配路径以及装配精度、装配性能等进行规划、仿真和优化,从而达到有效减少产品研制过程中的实物试装次数,提高产品装配质量、效率和可靠性的目的。

机器人编程是为使机器人完成某种任务而设置的动作顺序描述。机器人运动和作业的指令都是由程序进行控制,常见的编程方法有两种:示教编程方法和离线编程方法。其中示教编程方法包括示教、编辑和轨迹再现,可以通过示教盒示教和导引式示教两种途径实现。由于示教方式实用性强,操作简便,因此大部分机器人都采用这种方式。离线编程方法是利用计算机图形学成果,借助图形处理工具建立几何模型,通过一些规划算法来获取作业规划轨迹。与示教编程不同,离线编程不与机器人发生关系,在编程过程中机器人可以照常工作。

参考文献

[1] 刘物己,敬忠良,陈务军,潘汉. 一种空间仿生柔性机器人设计与智能规划仿真方法[J]. 机器人,2022,44(03):361-367.

[2] 方向明,方明,刘天元,李博. 基于虚拟现实技术的机器人仿真设计研究[J]. 长春理工大学学报:自然科学版,2016,39(01):61-65.

[3] 甘亚辉,戴先中. 一种高效的开放式关节型机器人 3D 仿真环境构建方法[J]. 机器人,2012,34(05):628-633.

[4] Savas Tümis,杨昌斌. 机器人机械仿真新方法[J]. 山东理工大学学报:自然科学版,2007(04):97-99.

第 5 章

机器人仿真模型建立

5.1 资源的三维布局与定义

5.1.1 PD 项目流程操作

Process Designer 可帮助用户设计和定义授权过程，其提供了一个建模器，能够概述最终完成的用于实现定制授权过程的各类工作流，进行生产工艺过程的规划、分析、确认和优化。一个 PD 项目的创建流程如下。

（1）客户化定制

客户化文件导入。首先打开 Process Designer，点击 File→Import→Import eBOP Customization；之后在弹出窗口指向 Customization 文件夹，点击确定；最后在弹出窗口显示导入 Customization 成功，点击 Close。客户化文件导入操作如图 5-1 所示。

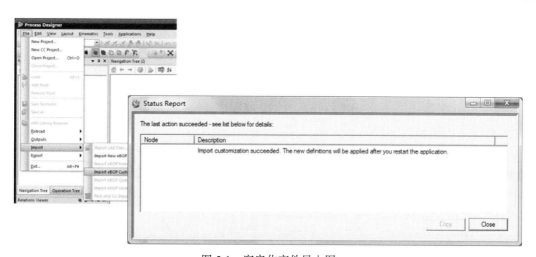

图 5-1　客户化文件导入图

客户化文件导出。首先打开 Process Designer，点击 File→Export→Export eBOP Customization；之后修改文件名称以及文件输出路径；最后在弹出窗口显示导出 Customization 成功，点击 Close。客户化文件导出操作如图 5-2 所示。

图 5-2　客户化文件导出图

（2）新建项目及项目模板创建

首先打开 Process Designer，点击 File→New Project，在弹出窗口输入新建项目的名字，点击 OK；之后选择项目节点，右击，在弹出窗口中点击 New，在弹出窗口选择 Collection 节点类型，选择要新建的个数，点击 OK，修改新建的节点名称，项目模板创建完成；最后点击 Preparation→Export Project，在弹出窗口输入项目模板名称，点击保存。新建项目的过程如图 5-3 所示。

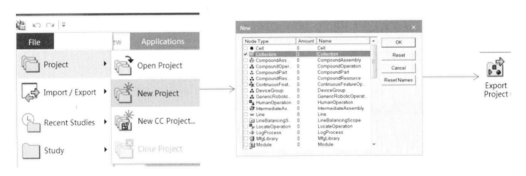

图 5-3　新建项目过程图

（3）产品结构树创建

若无 Process Designer 产品数据，需将转换的产品数据复制粘贴至对应的库中，并将转换数据时生产的.xml 文件导入 Process Designer 中，点击 Import，导入成功，点击确定，Process Designer 的 working folder 目录下会产生对应产品树以及一个产品库，若产品树的结构或名称与 BOM 表不一致，则需要手动调整更改结构或名称。

若有 Process Designer 产品数据，则可直接将转换的产品数据复制粘贴至对应的库中，并导入产品的.xml 文件，此时产品结构与名称与 BOM 一致，不需要再做更改。导航栏中的产品结构树如图 5-4 所示。

（4）工艺创建

右击工艺库节点，点击 New，选择拥有双胞胎结构的 PrLinet 节点，点击 OK；选择刚建出来的 PrLinet Process 节点，右击，选择 New，选择 PrZone Process 和 PrStation Process 这两个节点以及输入要建的节点数量，点击 OK，将 PrStation Process 节点拖拽到 PrZone Process 节点下，右击 PrStation Process 节点，点击属性，在 Name 里修改名字，Number 里修改工位号，Allocated Time 里分配时间。工艺创建属性设置框如图 5-5 所示。

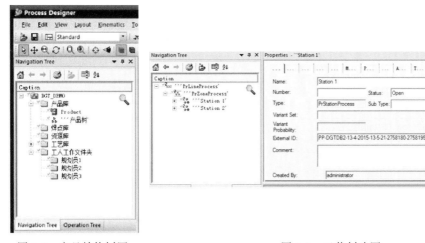

图 5-4　产品结构树图　　　　　　　　　　　　图 5-5　工艺创建图

　　由于资源和工艺节点是双胞胎结构，结构一致，但新建的名称不一致，可以点击 Tools→Synchronize Process Objects 将名称同步。Synchronize Process Objects 的界面如图 5-6 所示。

　　右击 PrStation Process 节点，点击 New，在弹出的窗口选择要建立的节点及其数量，点击 OK，节点建立如图 5-7 所示；选择新建出来的节点，右击，点击属性，选择 General，在 Name 修改操作名称，选择 Times，在 Allocated Time 分配操作时间，工艺创建完成，工艺名称及时间设置如图 5-8 所示。

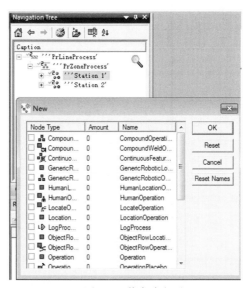

图 5-6　Synchronize Process Objects 界面图　　　　　　图 5-7　节点建立图

　　(5) 资源库创建

　　将转换好的 co/cojt 文件按照资源类型放入 system root 对应目录下，如图 5-9 所示；运行

Tools→Administrative Tools→Create Engineering Libraries,如图 5-10 所示;选择要导入的资源,点击 Next;在弹出窗口中,选择要导入的资源的节点类型,点击 Next,如图 5-11 所示。

图 5-8　工艺名称及时间设置图　　　　　　　　　　图 5-9　文件夹目录图

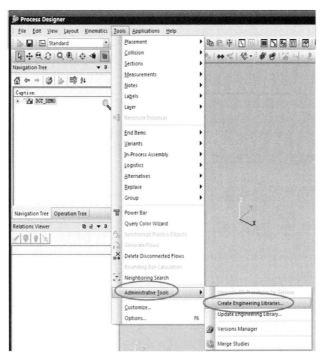

图 5-10　创建工程图

　　提示导入成功,点击确定,如图 5-12 所示;项目节点下面找到资源库 Engineering Resource Library,所有新导入的资源都在这个目录下;将资源库拖拽放入到 Library 目录下,资源库创建成功,如图 5-13 所示。

图 5-11　资源导入图

图 5-12　导入成功提示图

图 5-13　资源库创建图

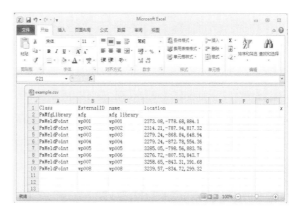

图 5-14　焊点数据图

（6）焊点数据导入

若有焊点.xml 文件，则直接可以 import（导入）.xml 焊点文件，焊点在 Microsoft Excel 中的数据如图 5-14 所示；若无焊点 xml 文件，则需要制作焊点.csv 文件然后导入，右击选择 Export/Import，点击 Import eBOP from file，导入成功，如图 5-15 所示。

（7）关联产品、焊点、资源

产品与工位关联：找到需要关联的产品以及工位，将要关联的产品拖拽到工位节点上，点击属性，Products 里可看到关联的产品，如图 5-16 所示。

图 5-15　导入的焊点图

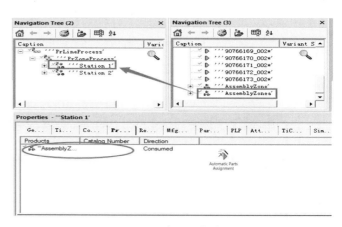

图 5-16　产品工位关联图

产品与焊点关联：显示相关焊点与产品，选中焊点，点击 Applications→Weld→Automatic Parts Assignment，如图 5-17 所示；在弹出的对话框中选择搜索，搜索完毕点击对勾，完成关联。完成后产品的灰色斜体变为黑色正体，如图 5-18 所示。

图 5-17　Automatic Parts Assignment 图

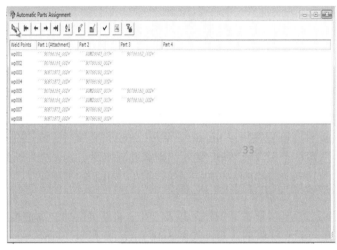

图 5-18　产品与焊点关联图

焊点与操作关联：找到需要关联的焊点以及焊接操作，将要关联的焊点拖拽到焊接操作节点上，点击属性，在弹出窗口选择 Mfg Features，可以看到关联的焊点以及焊接顺序，如图 5-19 所示。

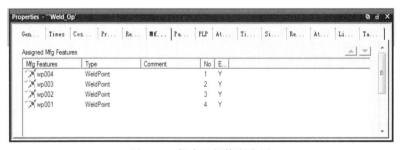

图 5-19　焊点及焊接顺序图

资源与操作关联:找到需要关联的焊接操作以及资源,将要关联的资源拖拽到操作节点上,点击属性,在弹出窗口选择 Resources, 可以看到关联的资源, 如图 5-20 所示。

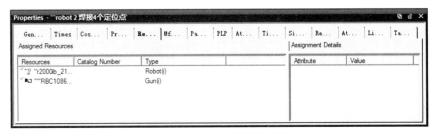

图 5-20　资源与操作关联图

(8) PERT 图关联

右击 PrStation Process 节点, 点击 Pert Viewer, 在弹出的窗口, 选择 New Flow 命令, 按照操作的逻辑关系链接, 如图 5-21 所示。

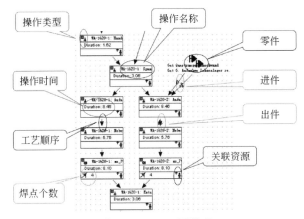

图 5-21　PERT 图关联

(9) Gantt 图分析

在分配时间的前提下, 右击 PrStation Process 节点, 点击 Gantt Viewer, 显示状态, 可分析出未超出工位节拍, 有空闲, 如图 5-22 所示。

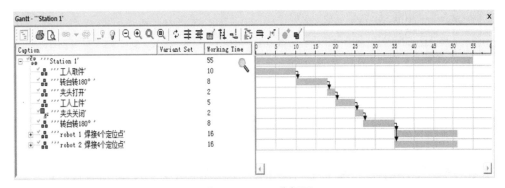

图 5-22　Gantt 分析图

5.1.2　资源的三维布局

（1）资源布局

将创建好的资源及 layout 分配到软件资源目录下，并根据 layout 将对应的资源分配到对应的工位下；右击线节点，点击 Load，如图 5-23 所示；加载数据使用 ⬤ 和 ⬤ 命令对各个资源进行调整，将资源摆放到准确位置上；布局完成后，使用保存命令保存布局结果，如图 5-24 所示。

图 5-23　资源装载图

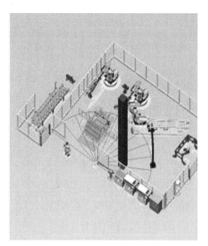

图 5-24　资源布局图

（2）线平衡分析

① 手动线平衡分析。利用 Gantt 图（甘特图）分析对工位进行手动线平衡。在操作树上选中需要分析的项目节点，点击打开该条生产线的甘特图，左侧为工位中的操作信息，右侧条形图为工位的操作时间，如图 5-25 所示；设置节拍时间，点击 ▦，在弹出的窗口中输入节拍时间 50s，设置 Wrapped cycle level，点击 OK，如图 5-26 所示；再点击 ▤，在图 5-25 右侧就会出现一条红线表示节拍时间。

图 5-25　Gantt 视图

图 5-26　节拍时间设置图

查看各个工位的操作逻辑顺序和操作时间，可以在左侧将操作从一个工位挪动到另一个工位，右侧的条形图也相应地缩短或者加长，以达到各工位时间相近或者相同，确保工位不超时，没有等待时间浪费，如图 5-27 所示。

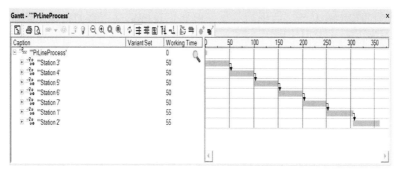

图 5-27　各个工位的 Gantt 图

② 自动线平衡分析（分析已有工艺）。该自动线平衡主要针对操作已经分配到工位上的情况，即为分析已有工艺；定义线平衡范围，在工艺库节点下新建 Operation List，并重命名为 Operation List_IPline，如图 5-28 所示；将 PrLine Process 下所有工位的操作拖动到该 Operation List_IPline 目录下，如图 5-29 所示。

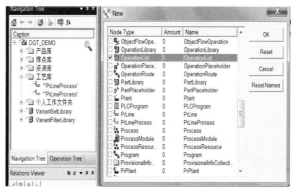

图 5-28　工艺库节点创建图

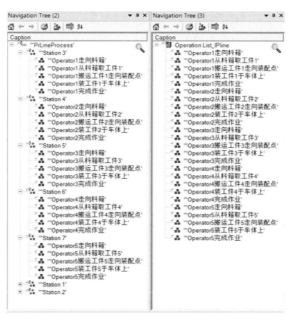

图 5-29　工艺分析动作图

定义工位的利用率并激活工位上的工人。将 PrLine Process（资源）下工位都处于 open 状态，在 General 栏中将 Status 值赋为 Open，在 Line Balancing 栏下，Utilization 后填写利用率 100%；给每个工位分配工人和其他资源，并使工人处于激活状态，选中"工人"，在工人的属性上点中 Active，如图 5-30 所示。

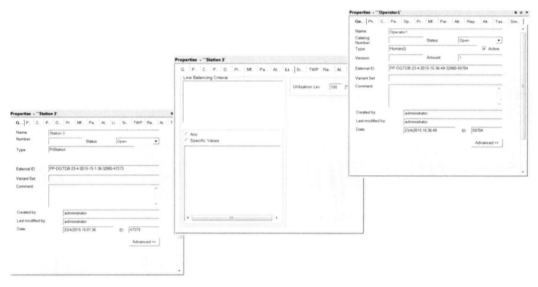

图 5-30　工人激活过程图

在工作临时文件夹中的用户文件夹新建 Line Balancing Folder 节点，然后在 Line Balancing Folder 中新建 Line Balancing Scope，并重命名 Line Balancing Scope_IPline，然后将 PrLine Process 的资源树和刚建立的 Operation List_IPline 拖动到该目录下，至此定义完毕线平衡的范围，如图 5-31 所示。

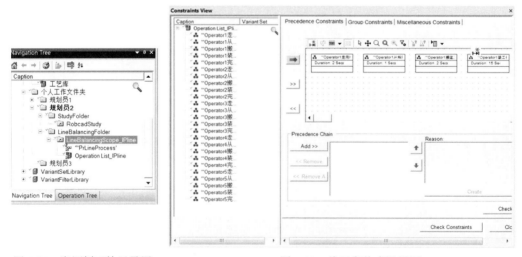

图 5-31　资源树下的目录图　　　　图 5-32　线平衡约束设置图

选中 Line Balancing Scope_IPline 节点，运行主菜单 Applications→Line Balancing→Constraints View 进行线平衡约束设置。在弹出的窗口左侧为 Operation List_IPline 目录中的操作，右上的窗口显示所有左侧的操作内容，在该窗口中用 定义操作的约束关系，这里的和

Pert 图不一样的是,这里定义的是约束关系,而不简单是操作的先后顺序。定义完约束关系后,

点击右下角 Check Constraints 按钮, 出现下面对话框, 点击确定即可完成线平衡约束设置, 如图 5-32 所示。

选中 Line Balancing Scope_IPline 节点, 运行主菜单 Applications→Line Balancing→Line Balancing Settings 分配线平衡进行设置, 如图 5-33 所示。在弹出的对话框 Criteria 中 Criterion 栏中填入 Part Access 表示工件装入的方向, 在 Possible Values 中填入各个方向值, 分别是 Top、Left、Right、Bottom、Front、Back, 如图 5-34 所示。

图 5-33　线平衡分配图

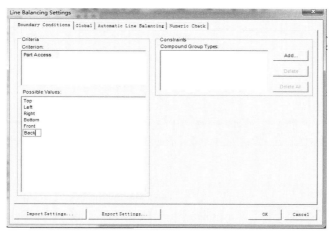

图 5-34　工件装入方向图

在 Global 一栏中选择活动资源、工位属性和工位上一级属性, 在 ALB 一栏中填写节拍时间, 这里活动资源为工人, Station Object 为 Prstation, Station Collector Object 为 Prline, 如图 5-35 所示; 节拍时间 Cycle Time 为 50s, 左下角填写两个工位的间距, 如图 5-36 所示。完成之后点击弹窗右下角的 OK, 弹出提示对话框, 点击确定即可。

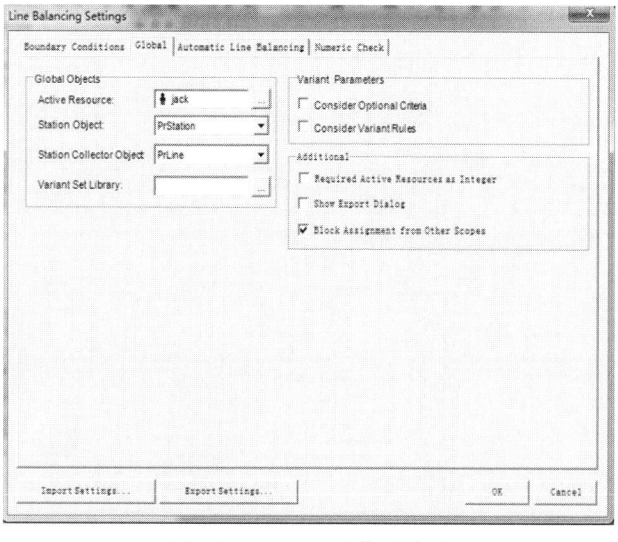

图 5-35　Global 工位属性图

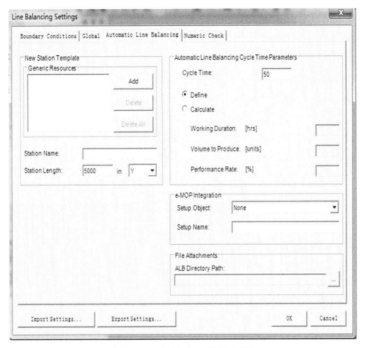

图 5-36　节拍及工位设置图

图 5-37　工具栏 Line Balancing 图

选中 Line Balancing Scope_IPline 节点，运行主菜单 Applications→Line Balancing→Line Balancing 进行线平衡分析，如图 5-37 所示。弹出窗口可分为 5 部分，左上为 Operation List_IPline 目录中的全部操作，左下为 Operation List_IPline 可分配的操作，右上为工位资源信息，右中为工位下关联的操作显示板，右下为每个工位现在分配操作的时间柱状图，如图 5-38 所示。

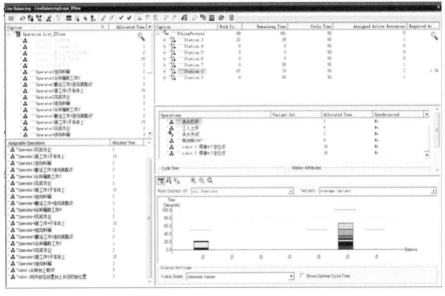

图 5-38　线平衡分析图

点击 图标,弹出 ALB 窗口,如图 5-39 所示。点击 对 ALB 进行设置,点中 Minimum Error Function,设置利用率为 100%,点击 OK 退出,如图 5-40 所示。

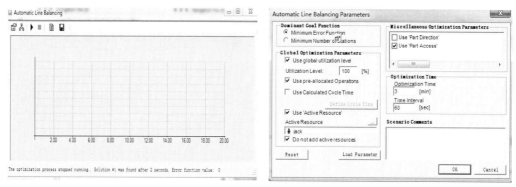

图 5-39　ALB 窗口图　　　　　　　　　图 5-40　ALB 内属性设置图

点击 ▶ 开始进行自动线平衡,期间遇到提示时候点击确定,如图 5-41 所示。点击 查看自动线平衡报告,该报告包括 Scenario Parameters、Solution、Charts、Stations、Operations Details、Inter-Operations Constraints、Groups Details、Groups Constraints 8 个部分,给出自动线平衡结构和图标分析。

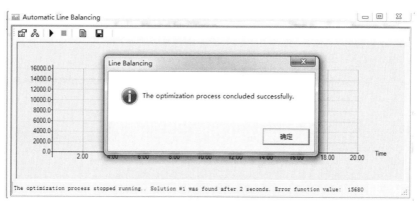

图 5-41　自动线平衡完成图

输出报告,如图 5-42 所示。

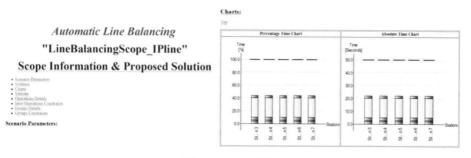

图 5-42　输出报告图

点击圖，对该方案进行保存，在弹出的对话框点击"是"，再"确定"，如图 5-43 所示。

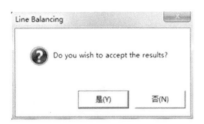

图 5-43　保存对话框图

自动线平衡分析（分析新工艺）适用于新建工艺，未将操作分配到工位上的情况，即分析新工艺。定义线平衡范围，在工艺库节点下新建 Operation List，并重命名为 Operation List_new；录入工艺。将所要分析的生产线的所有操作录入该 Operation List_new 目录下，并分配工时；建立生产线和工位，在资源树节点新建 Prline，重命名为 Prline_new。在新建 Prline_new 中新建三个工位，重命名为 PrStation1、PrStation2 和 PrStation3；其他步骤同自动线平衡（分析现有工艺）。不同为设置节拍时间时选取 Station，点击 Propagate，如图 5-44 所示。

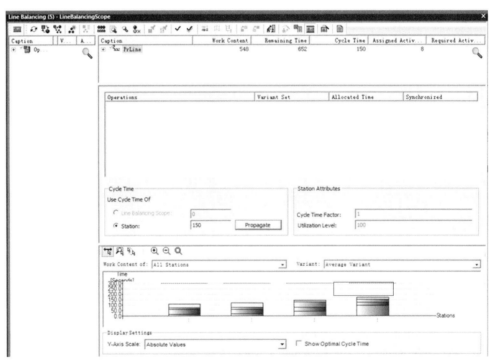

图 5-44　自动线平衡分析图

5.2　机构定义、装备及机器人的动作

加载数据:将资源数据直接从资源库中拖至 3D 窗口中即完成焊枪数模的载入;激活数据:选择 Modeling→Set Modeling Scope，使数据处于可编辑状态；定义机构：在 Object Tree 中选

中节点，运行 Kinematics-Kinematics Editor 命令进行机构定义，如图 5-45 所示。

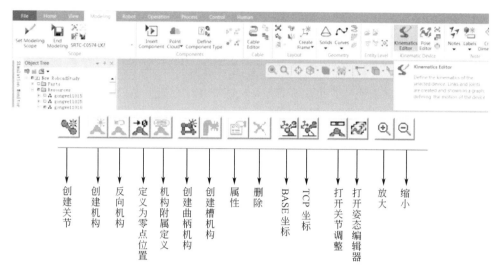

图 5-45　Kinematics Editor 工具栏

5.2.1　机构的定义

创建关节 ：勾选 Show Colors，建立 link 后，每个 link 颜色都与 link 下所选 3D 部分颜色一致，如图 5-46 所示。

创建机构：先选择相对不动的 link 再选择相对动的 link，然后点击命令 Create Joint （或者直接用鼠标拖动出一条线来连接），如图 5-47 所示。

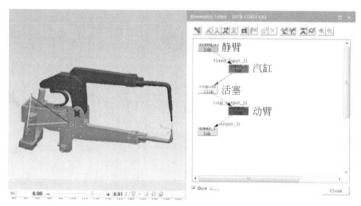
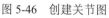

图 5-46　创建关节图

图 5-47　创建机构图

Name：机构名称；

Parent Link：相对不动的关节；

Child Link：相对运动的关节；

From/To：两个点构成的直线，是直线运动的路径或旋转运动的旋转轴，可以直接在 3D 视图中选择一条直线；

Joint Type：Prismatic 直线运动，Revolute 转动运动；

Limits：设置运动极限；

Max values：运动速度设定，若无特殊要求，则默认即可。

创建曲柄连杆机构：点击 Create Crank，带汽缸的机构选择 Slider（RPRR），点击下一步，如图 5-48 所示。

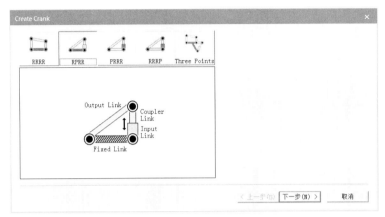

图 5-48 创建机构图

先创建平面，再选择对应机构的转轴点，保证三个轴点处于同一个平面，如图 5-49 所示。

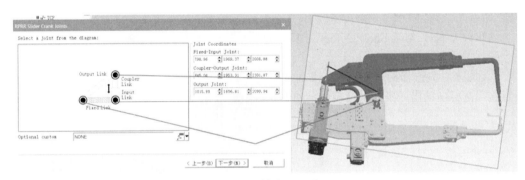

图 5-49 创建平面图

若旋转点不在直线运动轴的延长线上，则需要设置 Offset，如图 5-50 所示。

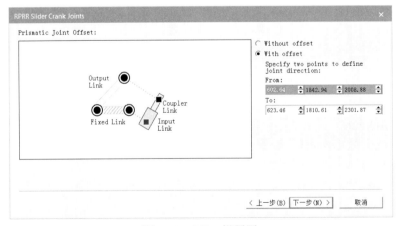

图 5-50 Offset 设置图

根据提示类型选取之前定义好的 Link 机构，也可以选取第一个选项重新定义 Link 元素，四大部分选取完成后点击 Finish 选项，定义曲柄机构结束，如图 5-51 所示。

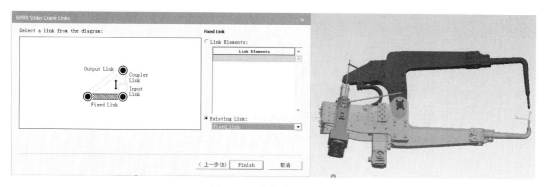

图 5-51　定义曲柄机构图

5.2.2　机器人姿态设定

① 姿态定义：打开 Pose Editor，点击 New，定义机构的一些关键姿态（如全开、半开、关闭、初始位等姿态），如图 5-52 所示。

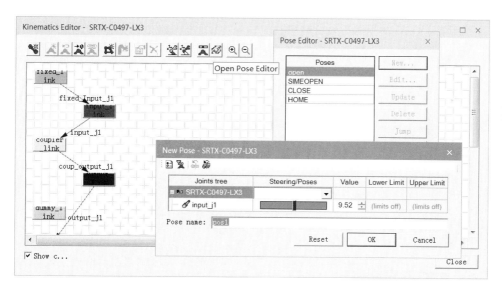

图 5-52　姿态定义图

② 定义 TCP 坐标和 BASE 坐标：用 Modeling→Create Frame 命令创建坐标 TCP 坐标方向，如图 5-53 所示：Z 轴指向动臂，X 轴背离枪体，也可以随便先建个坐标系，然后通过操纵或者重定位进行后续定位。

③ 定义工具类型：运行 Kinematics→Tool Definition，选择工具类型、TCP 坐标、BASE 坐标以及不检查干涉部分，如图 5-54 所示。

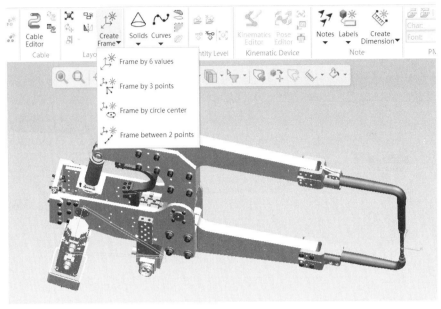

图 5-53　TCP 坐标定义图

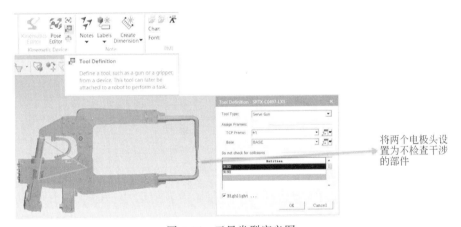

图 5-54　工具类型定义图

④ 保存机构：在 Object Tree 中选中资源节点，点击命令 Modeling→End Modeling，完成对该机构的保存。

5.2.3　机器人点动

使用 Robot Jog 对话框可以操作机器人及其位置。它包含许多扩展器区域，用户可以展开和折叠这些区域，以方便地访问操作机器人所需的命令，如图 5-55 所示。

选择机器人、分配给机器人的位置或设备原型（其下有一个或多个机器人）将使 Robot Jog 命令可用。使用 Robot Jog 对话框，可以通过以下方式操作机器人。

通过 Robot Jog 将其锁定为选定的配置来限制机器人的运动，这确保了平滑的路径和接缝。将机器人 TCPF 锁定在特定位置。在 Robot Jog，其所有关节都会进行补偿以保持 TCP 位置。当机器人底座被锁定在沿轨道移动的滑橇上时，情况也是如此。或者，用户可以从滑橇上释放机器人底座。显示和移动机器人的所有关节，包括内部关节（如关节点动命令）和外部关节。

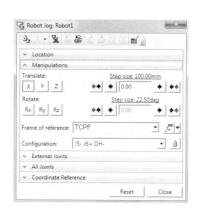

图 5-55　Robot Jog 对话框图（一）

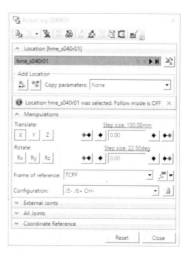

图 5-56　Robot Jog 对话框图（二）

查看锁定的接头（用锁定的叠加层标记🔒）。通过定义元件的运动学来为元件创建链接和接头。具有运动学的组件是其最简单级别的设备，而具有更复杂级别的机器人，用户可以操作设备或机器人来模拟工作环境中的任务。

查看外部接头（用外部叠加标记 E）。如果正在操作嵌套在设备下的机器人，并且机器人TCPF 被锁定，则移动机器人或其关节（包括外部关节）会导致设备的所有嵌套组件与机器人一起移动。此外，不嵌套在机器人的母设备下但连接到机器人或其链接的组件也会与机器人一起移动，此功能便于使用包含机器人本身及其所有随附部件的机器人设备；当机器人移动或旋转成碰撞时，整个设备以及连接到机器人本身或机器人链接的所有组件都被考虑在内。

（1）Robot Jog 操作介绍

选择"Component"作为拾取级别。选择一个机器人或分配给机器人的位置，然后选择 Robot选项卡→Reach 组中→Robot Jog 🖫。将显示 Robot Jog 对话框，如图 5-56 所示。

默认情况下，对话框将在展开 Manipulations 区域的情况下打开，并且系统会在机器人的工具框架上放置一个操纵器框架，如图 5-57 所示。

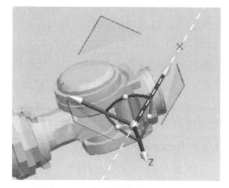

图 5-57　操纵器框架图

图 5-58　锁定机器人 TCPF 图

如果用户在启动机器人点动之前选择了一个位置，则 Location 区域也会展开，并使用所选位置进行填充。

Robot Jog 工具栏使用户能够执行以下操作。

锁定 TCPF。将机器人的 TCPF 锁定在当前位置。设置后，机器人的 TCPF 在所有机器人点动命令和影响机器人移动的任何其他命令中保留其当前位置。当机器人移动时，它会调整其关节以补偿运动，并确保机器人 TCPF 保持在当前位置。

注意：锁定机器人的 TCPF 将移除放置操纵器，并折叠 Robot Jog 对话框中的 Manipulations 区域。如果机器人拥有外部轴，则外部关节区域将扩展，如图 5-58 所示。

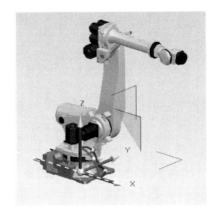

图 5-59 机器人附件链设置图

启用机器人放置并启用机器人和附件链放置。默认情况下，机器人的底架锁定在其当前位置。因此，当此选项处于活动状态，并且机器人安装在滑橇上并沿着导轨移动时，机器人将调整其关节以补偿运动并确保机器人 TCPF 保持在当前位置。

如果要释放机器人底架并更改机器人的位置，可设置启用机器人放置。单击图标中的箭头，然后选择启用机器人和附件链放置。这能够将机器人与它所连接的所有对象（例如，导轨）一起移动，如图 5-59 所示。

显示从属关节。默认情况下，Robot Jog 对话框不显示从属关节（复制另一个关节运动的关节）。单击此图标可显示从属关节。从属关节的滑块被禁用。此外，用户不能重置其值、下限和上限，如图 5-60 所示。

Joint	Value		⊩⊞	⊞⊩
j1	▮▮▮▮▮▮▮▮▮▮▮	0.00	-180.00	180.00
j2	▮▮▮▮▮▮▮▮▮▮▮	0.00	-65.00	85.00
sub1		0.00	-180.00	70.00
j6	▮▮▮▮▮▮▮▮▮▮▮	0.00	-180.00	70.00
j1 (empty)	▮▮▮▮▮▮▮	0.00	(None)	(None)

图 5-60 从属关节图

将所选限制重置为硬限制。将选定的软限制重置为关节的硬限制。

将所有限制重置为硬限制。将所有软限制重置为其关节的硬限制。

设置位置的外部值。用户能够在当前位置上配置和存储机器人关节外部轴的接近值。双击此图标会自动设置选定位置上外部轴的值。此功能仅在跟随模式打开时可用。

从位置清除外部值。从当前位置清除外部轴值。

示教位置。当前机器人配置（分配给位置嵌套在其下的操作的机器人）。当前位置（通过将位置存储为示教位置的参数，以便将其用于模拟）。仅当"关注模式"处于打开状态时，此命令才可用。

清除教学位置。从所选位置删除配置和示教位置。

机器人点动设置。提供列管理和接头选项（对于 External Joints 和 All Joints 区域）：在 Joint Columns Management 区域中，选中要显示的列并清除要隐藏的列。Joint 列是必需的，并且始终是左侧的第一列。它未在 Options 对话框中列出；选择一列，然后单击 ⬆ 或 ⬇ 以设置其所需的顺序；配置棱柱形接头步长（对于伸缩接头）和旋转接头步长（对于旋转接头），以便在单击 Value 列中的箭头时配置步长；调整滑块灵敏度以在 Robot Jog 对话框的 Value 列中配置滑块的灵敏度；如果要将引用位置的附件复制到新位置，可设置复制附件。

（2）Location 部分设置

用户可以在 Location 区域中使用以下控件。

[via1]当前位置。显示所选位置，单击此控件将其激活后，可以从操作树中选择其他位置。如果"跟随模式"处于打开状态，则机器人会跟踪当前位置。但是，如果当前位置是示教位置，则在跟踪过程中将忽略示教值，如图 5-61 所示。在这种情况下，锁定 TCPF 图标处于禁用状态。

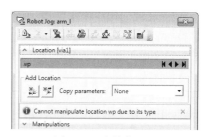

跳到第一个位置。将当前位置更改为操作中的第一个位置。

跳转到以前的位置。将当前位置更改为操作中的上一个位置。

跳到下一个位置。将当前位置更改为操作中的下一个位置。

跳到最后一个位置。将当前位置更改为操作中的最后一个位置。

图 5-61　当前位置图

将位置移动到 TCPF。如果"跟随模式"处于关闭状态，则使用当前机器人位置更新位置。

跟随模式。在此模式下，当在 Robot Jog 时，位置会跟随机器人。如果是通过位置，它可以自由移动。如果是接缝，则受主"选项"对话框中的"机器人点动选项"和"接缝"选项卡中的选项的限制。如果当前位置是示教位置，则在跟踪/操作该位置时不使用示教值。

不使用跟随模式时，用户可以将 Display Ghost Gun 设置为显示幽灵枪，该幽灵枪显示枪在跟踪位置时的行为方式。如果机器人无法到达该位置，则会创建一把幽灵枪并将其放置在该位置，当选定的位置在机器人的范围内时，幽灵枪消失，机器人跳到选定的位置，如图 5-62 所示。

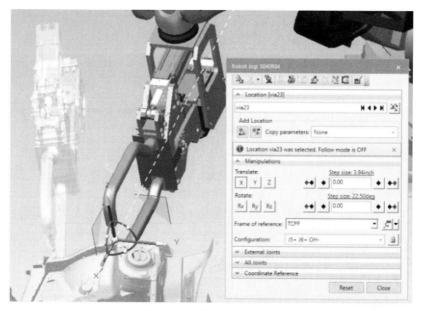

图 5-62　不使用跟随模式图

如果要在"跟随"模式处于活动状态时移动流程操作位置，可单击"操作连续位置"选项（默认情况下未选中）。用户可以激活随附的"忽略连续选项的限制"选项，以阻止在"选项"对话框的"连续"选项卡中设置的限制。

添加之前的位置。在所选位置之前添加新的过孔位置，并将机器人点动到新位置。如果"跟随模式"处于打开状态，则从当前位置复制新位置的坐标。否则，它们将从机器人 TCPF 的位置复制。如果"跟随模式"处于打开状态，并且当前位置是示教位置，则会在示教位置添加新位置。

在此时间后添加位置。在所选位置后添加新的过孔位置，并将机器人点动到新位置。如果"跟随模式"处于打开状态，则从当前位置复制新位置的坐标。否则，它们将从机器人 TCPF 的位置复制。如果"跟随模式"处于打开状态，并且当前位置是示教位置，则会在示教位置添加新位置。

复制参数。使用用户能够选择在添加新位置时将哪些参数从当前位置复制到新位置。可用选项包括：无、机器人、机器人+OLP 命令。当前设置将保留给后续会话。它们还由机器人路径的"添加之前的位置"和"在之后添加位置"外部命令使用。如果参数是过孔位置，则从当前位置复制参数。但是，如果当前位置不是过孔位置，则参数将从操作中的上一个过孔位置或（如果没有上一个过孔位置）复制第一个过孔位置。如果操作中没有过孔位置，则不会复制任何参数。

（3）Manipulations 部分设置

单击操作展开器。可执行以下任一操作：使用操纵器或对话框的操作区域中的控件移动和操作机器人，如放置操纵器中所述。默认情况下，参考系是机器人的 TCPF。用户可以将参考系更改为相对于其他帧，从参考框架下拉列表中选择一个帧，或单击并创建新的参考系，如创建帧中所述。用户可以选择以下任何类型的框架：断续器、工作框架、底架、机器人系统框架、机器人工具架、具有 BASE 方向的 TCPF。

用户可以通过单击并从配置下拉列表中选择配置，在单个配置中锁定机器人。机器人的当前位置决定了哪些配置显示在配置下拉列表中。当机器人未锁定在单个配置中时，将显示并不断更新当前的机器人配置。

（4）External Joints 设置

用户可以使用外部关节区域来调整机器人关节的值，而无需访问关节点动，如图 5-63 所示。

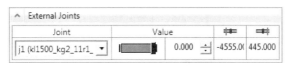

图 5-63　外部关节区域图

（5）All Joints 设置

所有关节区域使用用户能够调整机器人关节的值，而无需访问关节点动，如图 5-64 所示。

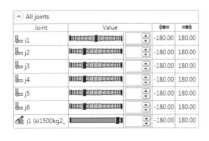

图 5-64　所有关节图

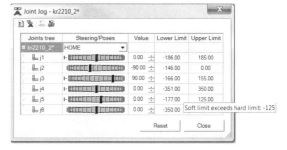

图 5-65　机器人点动对话框图

用户可以在机器人点动对话框中将关节的软限制设置为高于其硬限制的值。该对话框将向超过软限制值的单元格添加黄色背景，悬停该值将显示工具提示，如图 5-65 所示。

（6）Coordinate Reference 设置

可以使用坐标参考区域来测量所选位置相对于其他帧的位置，如图 5-66 所示。

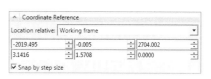

从相对位置列表中，选择一个框架（默认情况下为"工作框架"）。坐标参考区域将更新原始框架（顶行）和参考框架（底部行）的值。

图 5-66　坐标参考区域图

单击按步长对齐，强制数值（线性和角度）按用户在操作区域的步长中设置的增量增加或减少。

用户可以单击重置以撤销使用 Robot Jog 所做的更改。单击重置按钮旁边的箭头，然后选择以下选项之一：重置当前位置——撤销自启动 Robot Jog 以来对当前位置所做的更改；重置所有已编辑的位置——撤销自启动 Robot Jog 以来对所有位置所做的更改。系统会在撤销更改之前提示用户进行确认。

用户可以单击重置以撤销使用 Robot Jog 所做的更改。系统回滚自启动机器人点动以来对当前位置所做的更改，并将所有内部和外部关节重置为其初始值。

单击关闭以关闭对话框并结束机器人点动会话。

5.3　机器人运动的其他配置

5.3.1　复合设备简介

用户可以从多个设备对象构造复合设备。复合设备类似于常规设备，它们由链接、关节和框架组成。虽然常规和复合设备都可以使用大多数"运动学"对话框构造，但它们之间存在如下一些主要区别：

① 复合设备的关节移动对象是子组件，但不移动实体；

② 复合设备可以嵌套，而常规设备不能；

③ 复合器件的接头可以使用联轴器相互连接；

④ 可以创建嵌套设备之间的附件，与常规附件相比，这些附件与原型一起保存；

⑤ 附件的父节点必须连接到设备的几何体或是关节子设备的连接对象上；

⑥ 复合设备的机构、关节和坐标通常连接在设备根节点上，但这个节点也不一定必须是设备的根节点。

复合设备的关节、链接和框架始终与单个节点（设备的根节点）相关联。要创建复合设备，要先对此节点进行建模，并使用常规的运动学编辑器创建链接和关节。"链接属性"对话框允许用户选取链接几何图形。对于复合设备，只能选择子组件，而不能选择图元。

用户可以通过为设备的根节点和子节点构建运动学来创建嵌套设备，并且可以使用"关节功能"对话框连接嵌套设备的关节。例如，嵌套设备可用于构建由多个相同夹具组成的夹具。

复合器件的运动学数据与几何数据分开存储。因此，可以从 CAD 更新几何图形而不会丢失运动学，也可以将 JT 运动学用作设备中的节点，为嵌套复合设备定义的姿势包含根设备的关节和子设备的所有关节。此外，"逻辑行为"命令还支持连接复合实例中的子组件。

5.3.2　附加及添加工具

附加操作可以将一个零件附加在另一个零件上，便于后续的装配等操作，工具栏中的附加功能如图 5-67 所示。其中单向附加是附加对象移动会带动对象的移动，而对象的移动不会带动附加对象的移动；双向附加则都会随着各自的移动而移动。附加工具条如图 5-68 所示。

图 5-67　工具栏中的附加功能

图 5-68　附加工具条

5.3.3　连接和分离组件介绍

使用附加命令可以将一个或多个零部件附加到另一个零部件，通过选择一个元件，打开对象树并显示附加到列，可以检查该元件是否附着到另一个对象。连接组件步骤如下：

① 在图形查看器或对象树中选择一个或多个组件，然后选择主页选项卡→工具组→附件，然后从下拉列表中选择附加 🔧。将显示附着（Attach）对话框，如图 5-69 所示，并在附着对象字段中显示所选元件的名称；或者，可以选择附加以显示附加对话框，然后在图形查看器或对象树中选择要附加到另一个组件的组件，光标将变为十。

图 5-69　Attach 对话框图

在图形查看器中选择对象时，所选组件的名称将显示在附着对象字段中。

②　指定附件的类型。单程：连接的元件可以独立于它们所附着到的元件进行移动。如果移动元件连接到的元件，则所有元件将一起移动；双向：如果移动连接的元件或元件连接到的元件，则所有元件将一起移动。

③　在目标对象（To Object）字段中单击，然后在图形查看器或对象树中选择要将所选组件附加到的组件，光标将变为＋。在图形查看器中选择对象时，所选组件的名称将显示在收件人对象字段中。如果选择一个实体，则会自动显示该实体的集合，但是，如果选择框架或链接，则不会自动显示集合，如果实体的集合是块，则会显示最低的链接或组件。

④　默认情况下，在存储附件区域中选择了本地，这意味着附件存储在研究的工程数据中，而不是作为关系保存在数据库中。例如，如果将机器人连接到本地导轨，则当用户在另一个算例中使用相同的机器人和导轨时，此附件对另一个算例无效。本地附件显示如图 5-70 所示。

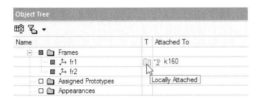

图 5-70　本地附件保存图

图 5-71　全局保存附件图

⑤　如果要全局保存附件，可选择全局，这意味着附件将作为关系保存在数据库中，而不是存储在算例的工程数据中。该 图标表示全局附件，如图 5-71 所示，只能在资源之间建立全局附件，如果在选择全局时选择部件，则系统将返回错误。

⑥　单击确定，所选元件将附着在一起，并且可以根据指定的附件类型在图形查看器中移动。如果附件列当前显示在对象树中，则附加组件的名称将显示在它所连接的组件旁边。如果删除组件，则不会删除附加到该组件的任何对象，在分离组件之前，组件将保持连接状态。

分离选项将断开连接组件之间的连接。选择附加的组件，选择主页选项卡→工具组→附件，然后从下拉列表中选择分离 。连接的元件不再连接，可以独立移动。如果禁用了分离选项，则该组件不会附加到另一个对象，用户可以根据需要将其附加；分离本地与全局连接将恢复全局附件。因此，要完全断开本地全局连接，必须运行两次分离命令。

本章总结

Process Simulate 软件提供了一个利用三维环境进行制造过程验证的数字化制造解决方案。Process Simulate 软件的 Robotics 功能，提供了一个集机器人和自动设备规划及验证为一体的虚拟环境，能够模拟机器人在真实环境中的工作情况，具有逻辑驱动设备技术和集成的真实机器人仿真技术，针对不同机器人有专门的示教盒功能进行精确的离线编程，同时基于实际控制逻辑的事件驱动仿真使得虚拟调试成为可能，从而大大提高了机器人离线编程效率和质量，大大减少了真实环境调试的时间和成本。通过 Process Simulate，用户可以设计生产单元布局及验证工艺序列；创建机器人轨迹，检查碰撞与可达性；应用机器人控制器语言开发与验证完整的机器人程序；测试 Safety Interlocks；完成系统诊断测试。

利用 Process Simulate，用户能够设计和仿真高度复杂的机器人工作区域，能够简化原本非常复杂的多机械手区同步化过程。这些价值具体体现在：在计划的早期阶段发现生产问题；减少工程变更、工艺提前期和工时；优化工作单元布局设计，最大限度地利用资源；增加和改进设备和工具的可重用性；验证和优化机器人程序以满足规范要求；提高过程质量、成熟度和信心水平；改进流程操作的管理和分配；减少车间安装、调试和启动时间；降低生产成本，加快产品上市时间；减少对调试硬件可用性的依赖，减少生产停机时间，防止设备损坏；提高装配制造操作的灵活性；改进将自动化引入生产流程。

　　未来将会有越来越多的机器人走上工作岗位，通过采用 Process Simulate 中的功能，这些机器人将会智能化和柔性化；未来可以通过人工智能、机器学习辅助并加速机器人编程，通过边缘计算优化机器人和自动化产线，对机器人柔性产线进行虚拟调试，引进机器人参与增材制造（3D 打印）等。

参考文献

[1]　夏金迪. 基于装备机械臂的移动焊接机器人设计与仿真模型构建[J]. 制造技术与机床，2022（04）：21-25.

[2]　孟庆波. 工业机器人应用系统建模（Tecnomatix）[M]. 北京：机械工业出版社，2021.

第6章

创建焊接过程

6.1 焊接工艺发展

焊接是现代机械制造业中一种必要的工艺方法,在汽车制造中得到广泛的应用。汽车的发动机、变速箱、车桥、车架、车身、车厢六大总成都离不开焊接技术。在汽车零部件的制造中,点焊、凸焊、缝焊、滚凸焊、焊条电弧焊、CO_2 气体保护焊、氩弧焊、气焊、钎焊、摩擦焊、电子束焊和激光焊等各种焊接方法,由于点焊、气体保护焊、钎焊具有生产量大,自动化程度高、高速、低耗、焊接变形小、易操作的特点,所以对汽车车身薄板覆盖零部件特别适合,因此,在汽车生产中应用最多。在投资费用中点焊约占 75%,其他焊接方法只占 25%。

随着汽车工业的发展,汽车车身焊装生产线也在逐渐向全自动化方向发展,国内许多车企也已对焊装线进行数字化升级改造,某车企数字焊装车间如图 6-1 所示。为了赶上国际水平,在提高产量的同时,要求努力提高汽车制造质量。众所周知,实现自动化的前提是零部件的制造精度要很高,希望焊接变形最小,焊接部位外观要清爽,故要求焊接技术越来越高。

图 6-1 某车企数字焊装车间图

自动化技术、计算机微电子信息技术以及电子技术的发展,在很大程度上带动了焊接自动化技术的迅速发展,尤其是信息处理技术、柔性制造技术和数控技术等的引入,推动了革命性的焊接自动化技术发展。智能化的焊接过程控制需要借助于焊接生产系统柔性化与焊接过程控制系统智能化实现。其中，柔性化的焊接生产技术发展方向是主体为弧焊机器人的多自由度柔性制造系统，通过计算机综合控制转台架和机器人，能够满足柔性的工件空间焊接要求，发展精确动态的跟踪轨迹，进一步研究控制技术和传感技术。而控制系统的智能化则需要人们高度重视焊接专家系统、神经网络控制及焊接过程模糊控制的发展。

随着信息技术及计算机技术在工业领域的普遍应用，传统的焊接生产方式实现了向"精量化"制造方式的可靠转变。对实际建模机器人焊接过程的模拟仿真技术，提供了机器人、夹具、工件焊枪姿态的三维信息，在焊接夹具设计、工艺参数优化和焊接过程策划等环节得到大量应用，对准确获取焊接位置信息、现场测试时间缩短和加快编制焊接程序等，具备着十分重要的应用价值。另外，仿真技术在焊后及评估的变形与应力预测中，同样也得以应用，在设计新车型的阶段，可以综合性考虑多种材料的冲击性能、疲劳性能及连接方式，通过仿真接头来进行适用性评价。

6.2　焊接过程的创建

Process Simulate 中的焊接设计解决了焊接设计过程，同时考虑了空间收缩、几何限制和碰撞等关键因素。机器人伸展测试、多截面和焊点管理工具等强大功能使用户能够创建虚拟单元并优化焊接过程。

焊接模块支持以下操作：与各种 CAD/CAM 系统之间的双向数据传输、3D 可视化、静态和动态碰撞检查、2D 和 3D 横截面、用于焊点导入、集成和管理的高级工具、焊接机器人设置、喷枪和组件模型库、机器人和设备的运动学建模、仿真零件流和机械操作、机器人慢跑、关节慢跑和姿势、外部 TCP 和安装工件、支持 RRS1 模拟。

用户可以使用 CAD 系统中现有的汽车零件以及从存储在 eMServer 中的过程数据库中导入的焊点数据，快速轻松地设计机器人点焊和工作站布局，也可以使用用户定义库中机器人和标准外围组件的 3D 模型，或使用系统建模工具创建新模型。

Process Simulate 中的焊接通过对焊点夹具和工件进行切片来自动创建截面。用户可使用这些横截面来勘测特定的感兴趣区域。Weld 通过提供焊点信息、零件几何形状和所需的焊接参数，使用户能够为特定的点焊作业选择最佳喷枪，也可以使用系统的 3D 实体建模工具和工件横截面的尺寸来设计自己的喷枪或修改现有喷枪。通过提供自动切片，Weld 使用户能够节省时间和成本，从而消除车间中昂贵的试错；焊接工具可防止代价高昂的错误，并节省宝贵的车间时间。该软件验证机器人是否到达每个焊点，而不会与其他设备、夹具和工件发生碰撞和干扰。

6.2.1　创建焊接任务

在 Process Simulate 中，创建零件点焊路径的流程大致可概括为：定义焊枪，主要是机构几何体的选择和运动学定义；使用 Process Simulate 创建并加载研究；项目研究中的模型布局与零件放置；定义或者导入工作焊点数据；投射目标位置到工件上，以创建焊点的位置；使用首次靠近焊枪，以检查目标位置的方向；创建焊接路径的首次靠近操作序列；分割区域，寻找有效的焊枪进行焊接；沿着路径进行首次仿真运行；添加机器人，测试机器人的可达性；干涉检

图 6-2　打开本地模型

查并调整路径；优化路径周期时间；对研究中的其他机器人重复此过程。打开一个本地模型如图 6-2 所示。

（1）定义焊接任务

Process Simulate 菜单栏提供了新建操作模块，如图 6-3 所示，使用"新建焊接操作"选项可以创建焊接操作，即一组焊接定位操作。焊接操作可能涉及以下任一操作：将带有安装焊枪的机器人移动到工件上的焊接位置；将带有已安装工件的机器人移动到外部焊枪(外部 TCP)。

图 6-3 焊接工具栏介绍图

在图形查看器或对象树中选择一个机器人，然后选择主页选项卡→操作组→新建焊接操作 ；或选择操作选项卡→新建操作→新建焊接操作→创建新操作组 ，将显示"新建焊接操作"对话框，如图 6-4 所示。

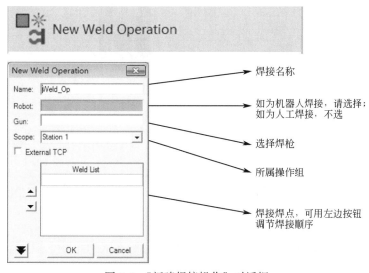

图 6-4 "新建焊接操作"对话框

图 6-5　新建焊接操作图

所选机器人和安装在其上的"枪支"（焊枪）的名称会自动显示在机器人和枪支字段中；在名称字段中输入操作的名称，默认情况下，所有焊接操作都命名为 Weld_Op#；单击作用域（Scope）下拉列表以选择操作根（Operation Root）作为新建焊接操作的父级，或单击操作树中的流程或操作；如果操作是外部 TCP，可选中外部 TCP 复选框。

在焊缝列表区域中，为所选机器人（要在模拟中焊接的焊缝位置）选择目标，可通过在图形查看器或操作树中选择焊接位置来执行此操作；使用向上和向下箭头，按照用户希望机器人执行焊接模拟的顺序排列焊接列表区域中的焊接位置；若要指定操作的更多详细信息，单击展开 按钮；新建焊接操作对话框随即展开，如图 6-5 所示。

单击"确定"，创建新的焊接位置操作并将其显示在操作树中，新操作将自动设置为当前操作（如果当前操作尚不存在），用户可以在序列编辑器的甘特图区域中查看构成焊接操作的各个焊缝位置操作。

（2）焊点投影

选中需要投影的焊点，运行在 Process 下的 Project Weld Points 。运行 Project，如果成功投影，会显示√，如果不成功，就显示×，显示×的需要手动选择 Part 进行投影，如图 6-6 所示。

（3）焊枪优选

运行 Weld ，点击下一步，焊枪优选如图 6-7 所示。

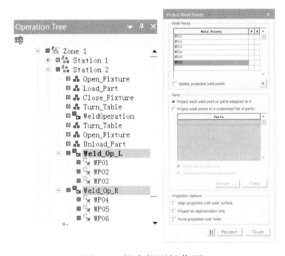

图 6-6　焊点投影操作图

图 6-7　焊枪优选图

选中该操作所有焊点，点击下一步，焊点列表如图 6-8 所示。

从 Library 中选择所有的焊枪，添加到右侧 Check the following 中，如图 6-9 所示。

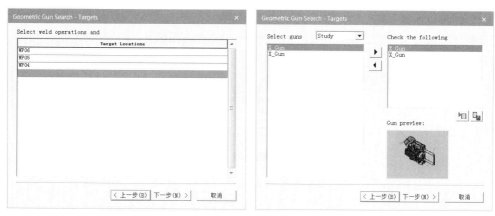

图 6-8 焊点列表图   图 6-9 焊枪添加图

设置干涉，如图 6-10 所示。

设置检查干涉是焊枪的姿态，默认即可，如图 6-11 所示。

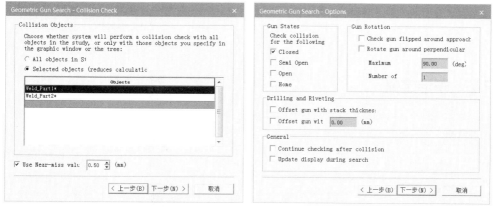

图 6-10 干涉设置图   图 6-11 焊枪姿态设置图

焊枪可用性结果报告：焊枪可用会显示√，如果不可用，显示×。根据焊枪可用性结果报告，把可用的焊枪分配到该工位下 Gun 的资源类别下，如图 6-12 所示。

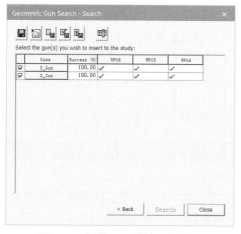

图 6-12 焊枪可用性结果报告图

（4）焊枪可达性分析

焊枪优选机器人位置调整，进行可达性分析。运行 Reach Test，手动移动机器人位置，测试可达性，如图 6-13 所示。

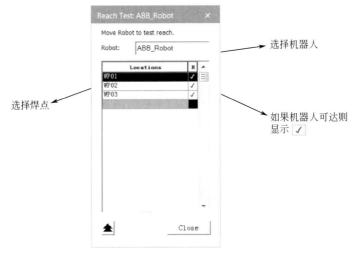

图 6-13　焊枪可达性分析

6.2.2　干涉定义

打开干涉关系树（View→Viewers→Collision Tree），这里将显示工件之间的干涉关系，如图 6-14 所示。

图 6-14　干涉关系树图

（1）碰撞添加及设置

使用新建碰撞集命令，可以在对象树或图形查看器中选择对象并保存，后面的操作中可以检查是否选中及碰撞情况。可以创建两种类型的碰撞集：通过碰撞列表，可以检查一个选定对象列表是否与另一组选定对象发生冲突；自集检查集合中的每个对象是否与集合中的其他对象发生冲突。

单击 以打开碰撞集编辑器窗口，如图 6-15 所示，在左右对话框选入需要研究干涉的两部分，点击 OK。

在对象树或图形查看器中选择对象，这些对象的名称将显示在检查窗格中。无法使用点云和点云图层检查点云和点云图层。

创建自集时，如果检查每个对象是否与所有其他对象发生冲突，要将所有对象保留在检查窗格中。创建碰撞列表时，如要检查一个选定对象列表与另一个对象列表的冲突，可单击 < 和 > 在检查和使用窗格之间移动一个或多个对象，以设置要进行碰撞检查的对象。接下来，在检查窗格中选择一个对象，在使用窗格中选择一个对象，然后单击"确定"。该对将作为碰撞集添加到碰撞查看器中。

单击 ✦✦ 以打开碰撞模式并检查与所选对象对的碰撞。创建多个碰撞集后，它们将显示在碰撞查看器的编辑窗格中，如图 6-16 所示，未命中和接触附近及允许穿透的范围，从选项对话框的碰撞设置选项卡中的默认设置派生其值。单击这些字段之一并根据需要对其进行编辑，用户输入的值将覆盖默认值，建议仅设置其中一个参数，选中要检查其碰撞的碰撞集旁边的复选框。

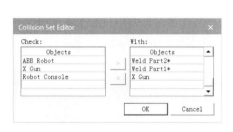

图 6-15　新建干涉设置图　　　　　　图 6-16　碰撞查看器的编辑窗图

✦✦ 为删除干涉设置，✦✦ 为编辑干涉设置，🖐 为将干涉设置中的两部分工件在 3D 视图中以两种不同的颜色显示，选中刚建立好的干涉设置，其他图标会由灰变亮，如图 6-17 所示。

图 6-17　干涉编辑图

（2）碰撞干涉设置

干涉检查设置（单击选项或者按 F6 键）🔧，碰撞选项卡包含用于指定未遂和碰撞检测的参数，碰撞包括接触和穿透两种状态，如图 6-18 所示。Near-Miss Default 为视为干涉的最小距离，如果工具有接触，那么这里就设置为 0，且须先选中 Check for Collision Near-Miss Default。如果出现小于设置的干涉最小距离，范围为 0～1000 mm，在 3D 视图中就会出现黄色的警告色；有接触或者深入另一个工件的话就会出现红色警告色；Allowed Penetrartion Value 为深入工件视为干涉的最大距离，范围为 0～2 mm。

碰撞选项卡中包含以下选项：

图 6-18　碰撞选项卡图

Check for Collision Near-Miss。选中后，预览中的差点未命中对象将变为黄色。此外，在图形查看器和碰撞查看器中，发生未命中碰撞的对象将变为黄色。在"未命中默认值"中指定未命中碰撞距离。

Near-Miss Default。定义两个对象之间的默认距离，低于该距离，系统认为这些对象处于接近未命中的状态。此值介于 0～10000 mm。

Collision Contact。在 Allowed Penetration Value（允许穿透值）字段右侧指定默认值，软件会根据设定值检查每个碰撞对是否存在碰撞接触。此字段的最大值为 5 个默认度量单位。小于此值的穿透力不被视为碰撞。此参数可消除错误碰撞，例如与螺栓连接的螺钉或放置在曲面上的工具。

选中"在碰撞报告中显示联系人"复选框后，将在碰撞报告中将联系人对显示为具有"联系人"状态。如果未选择此选项，并且"未命中"选项处于活动状态，则它们将显示距离为 0。如果"接近未命中"选项处于非活动状态，则它们根本不会显示。

Contact objects color。有三种颜色选项：红色，任何接触都被视为与穿透相同的碰撞；橙色，系统分别识别接触和穿透，如果禁用了"接近未命中"选项，则此颜色选项不可用；无颜色，系统将从碰撞查看器中删除触点。如果启用了"接近未命中"选项，则此颜色选项不可用。

Allowed Penetration Value。根据"允许穿透值"中指定的值，检查每个碰撞对是否存在碰撞接触，算法会根据实际"允许穿透值"相对于碰撞对象大小的百分比来确定是否属于接触。使用以下两个值中较小的一个：用户输入值或较小对象边界框大小的 2%；小于或等于此值的穿透被视为接触，大于此值的穿透被视为碰撞。此参数可消除错误碰撞，例如与螺栓连接的螺钉或放置在曲面上的工具，此字段的最大值为 5 mm。用户可以在碰撞查看器中覆盖此值。

Ignore wireframe entities。选中后，在计算碰撞和未命中时，将忽略所有曲线和其他线框对象。此新选项与"自动路径规划器"无关，后者始终忽略线框图元。

Collision Report Level。选择"组件级别"将在图形查看器和碰撞查看器中的组件级别创建"碰撞"报告，如图 6-19 所示。选择"最低可用级别"将在最低可用级别上创建"碰撞"报告，包含实体/块/链接/元件的报告会展示在图形查看器和碰撞查看器中。

图 6-19　组件级别图　　　　　　　图 6-20　高级碰撞选项图

Stop Simulation when a Collision is Detected。如果选定该属性，则当对象发生碰撞时，模拟将停止；如果激活了"检查碰撞未命中"选项，则冲突可能是接近未命中，也可能是触点（碰撞），但是，穿透不被视为违规，也不会停止模拟。每次碰撞状态发生变化时，模拟都会停止，例如，如果状态从"未命中数"更改为"未命中"，并且如果状态从"接触"更改为"未命中"，则模拟将停止。

Play a Sound when a Collision is Detected。如果选定该属性，则在碰撞时会听到声音，指定要播放的声音可单击选项卡右侧的"浏览"，然后浏览到所需的（*.wav）文件。

Advanced。单击该项以访问高级碰撞选项，如图 6-20 所示。

高级碰撞配置以下选项：

Collision set used for static tools。将鼠标悬停在 ⬤ 上方可查看工具提示，其中列出了冲突集生效的"处理模拟"应用程序。

Default set。使用户能够选择要在"处理模拟"应用程序中使用的标准冲突集，将鼠标悬停在 ⬤ 上方可查看列出默认集的工具提示，包括在计算碰撞时要比较的两个对象列表，进程模拟搜索 List1 和 List2 中对象之间的冲突。选中"考虑列表中的冲突"以将 List1 对象之间的冲突视为冲突，或选中"不考虑列表中的冲突"以排除这些冲突。

Collision Viewer active sets。使用户能够在"处理模拟"应用程序中使用当前的"碰撞查看器"活动碰撞集，如果未进行任何定义，则系统将发出一条消息，当用户在应用程序对话框中输入数据时，系统将执行初步的联机检查。如果这导致冲突，系统将发出警告，并提示用户确认是否仍希望继续进行完整的测试。设置"碰撞查看器"活动集后，"过程模拟"会将任何接触视为碰撞。

Consider Near-Miss as collision。仅当在"碰撞设置"选项卡中设置了"检查碰撞未命中"时启用。默认情况下，此选项处于清除状态，当在设置碰撞时考虑接近未命中时，以下应用程序会将接近未命中视为冲突：优化焊缝分布、饼图、自动接近角、智能放置。

（3）焊缝分布优化

焊缝分布中心使用户能够分析所选工位或工序的焊点，使用焊缝分布中心，用户可以高效、自动地定位焊点，以创建更好的焊点分布。焊缝分布中心以表格格式显示以下信息：所选机器人可到达焊接位置；机器人碰撞信息；焊接位置的操作；计划和模拟的操作时间；分配给特定操作的机器人，如图 6-21 所示。默认情况下，"选项"对话框的"运动"选项卡中的"在静态应用程序中使用位置信息"选项将被清除，并且系统在"规划"模式下运行，其中每个操作都由定义的枪执行。

图 6-21　焊缝分布中心图　　　　图 6-22　模拟模式运行图

如果在静态应用程序中设置了"使用位置信息"，焊缝配送中心将在"模拟"模式下运行，并从位置或父操作中获取模拟信息，每个焊接位置都标有模拟喷枪的名称，如图 6-22 所示。

除了显示信息外，焊接配送中心还允许用户执行以下操作：为工序分配和取消分配焊接位置；配置焊接点的默认焊接时间；配置设备和枪支姿势以包含在碰撞检查中；将机器人移动到焊接点；匹配焊点和焊枪的属性。匹配结果显示在"属性"列中，使用户能够将焊点优化分配给焊枪（以及安装焊枪的机器人），将显示的信息导出到 Excel 电子表格。

Activate smart gun tips collision detection。默认情况下，在碰撞检测期间，在"刀具定义"对话框的"不检查与列表的碰撞"中定义的对象（例如焊枪尖端）将被忽略，设置此选项将禁用非碰撞列表，从而允许在非碰撞列表中的对象与分配给操作或 Mfgs 的零件之间进行碰撞检测。

通过使用"忽略范围内的碰撞"选项定义检测体积，也可以忽略非碰撞列表中的对象与零件附近位置和/或接缝之间的碰撞。

Ignore collision in range。设置"激活智能枪尖碰撞检测"时，此选项处于活动状态，它使用户能够设置周围位置/接缝的检测体积，其中枪尖与其目标位置之间的碰撞将被忽略，可能的值为 0～50mm，默认值为 0.5mm。

检测体积定义如下：焊缝位置设置指焊缝位置周围的球体，其半径等于"在范围内忽略碰撞"的设置；连续过程设置是指半径等于沿连续特征线的"在范围内忽略碰撞"的设置，当 TCPF 位于枪尖内时，"忽略碰撞范围"值必须大于 TCPF 与枪尖外表面之间的距离，因此，建议将此值保持为大于零件厚度、枪尖半径和枪尖高度的总体最大值，如图 6-23 所示。

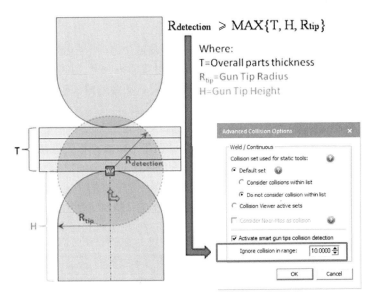

图 6-23　忽略碰撞范围示意图

如果选中的两部分工件之间有干涉，➡就会出现红色的标示，同时在 3D 视图中干涉的两部分工件也会显示为红色。显示干涉的部位，以不同颜色显示干涉的部分，如图 6-24 所示。

 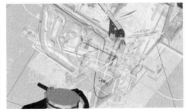

图 6-24　工件干涉图和未干涉图

6.2.3　焊接路径创建

编辑焊接路径，如图 6-25 所示。先单击从编辑器中移除条目按钮▥，清空路径编辑器，再设置机器人的焊接路径，操作步骤可概括为：清空路径编辑器；把机器人的焊接路径添加到路径编辑器中，调整各个焊点的坐标方向，使其与机器人的姿态相适应；增加焊接轨迹每个点的焊枪进入点和退出点；设置机器人焊接前的 HOME 点添加到焊接路径的最前方和最后方。

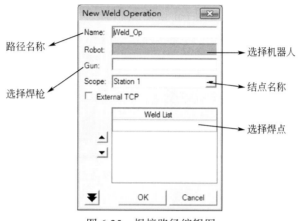

图 6-25　焊接路径编辑图

在主菜单及功能区中选择"操作"，其中的添加位置功能条如图 6-26 所示，依次分别为在选中点前加点、在选中点后加点、新加中间点（目的是避免干涉）、通过拾取来加点、通过选取添加多个位置、交互式添加位置；编辑路径功能条依次分别为通过机器人轴调整中间点位置、调整焊点位置、将选中点前置一位、将选中点后置一位。

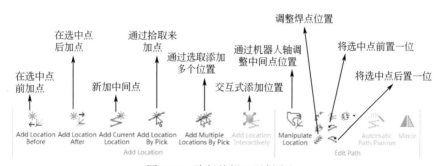

图 6-26　路径编辑工具栏介绍

（1）饼图设置

打开饼图选项 🥧，饼图选项可用于确定工具到所选位置的接近向量。它提供了一种简单的方法来确定带有已安装工具的机器人应如何接近某个位置以执行其任务，系统计算机器人及其已安装工具的接近，如果尚未分配机器人，则饼图选项可用于确定刀具碰撞状态，用户还可以使用饼图创建冲突集。

在图形查看器或操作树中选择一个位置；选择饼图 🥧→离散组的进程选项卡，将显示位置饼图对话框，如图 6-27 所示；从机器人下拉列表中，选择所选位置正在使用的机器人，用户也可以在图形查看器中选择机器人；如果尚未分配机器人，或者无法访问机器人，可从工具下拉列表中选择将在所选位置使用的工具，这使用户能够确定刀具位置的正确方向以避免碰撞。一旦机器人被分配，就可以确定可达性的接近向量。

默认情况下，机器人沿着最初显示在"6点钟"位置的接近轴接近所选位置，饼图提供颜色编码的显示，指示机器人可以和不能到达该位置的区域以及发生碰撞的区域。颜色指示如下：红色区域表示不可达，即所选机器人无法到达所选位置；黄色区域表示可到达但会碰撞，选定的机器人可以到达选定的位置，但是当工具处于关闭位置时会发生碰撞；橙色区域表示可到达但会碰撞，选定的机器人可以到达选定的位置，但是当工具处于半开放位置时会发生碰撞；棕色区域表示可到达但会碰撞，所选机器人可以到达所选位置，但当工具处于打开位置时会发生碰撞；蓝色区域表示可到达，即选定的机器人可以到达选定的位置。

用户需调整焊点方向，其中焊点只能围绕 Z 向调整焊接方向角度，拖动饼图下方的滑动条，直到位置及其接近轴到达所需的"全部正常"（蓝色）切片。"All OK"意味着机器人可以从该切片所代表的区域到达该位置而不会发生碰撞，如需偏移需要向客户提出，客户同意后方可偏移。

饼图工具栏提供以下工具：

步长。打开饼图设置对话框，如图 6-28 所示，设置机器人进近方向的单位采样间隔，这是速度和精度之间的权衡，计算速度会随步长设置值的增加而加快，但结果的准确性受到损害。

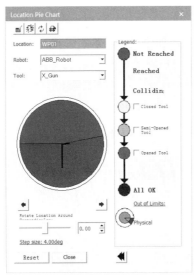

图 6-27　位置饼图

图 6-28　饼图设置图

翻转位置。使用户能够翻转位置，只要在位置字段中选择了有效位置，就会启用此按钮，删除位置将禁用该按钮。

复位进近轴。使用户能够将"进近轴"重置为"6点钟"位置。

自动创建碰撞集。使用户能够从当前饼图数据创建冲突集，碰撞集将显示在碰撞查看器中，并根据用户在选项对话框的碰撞设置选项卡中设置的高级选项进行配置，如图 6-29 所示。如果在高级选项中启用了碰撞查看器活动集，则自动创建碰撞集功能将被禁用，碰撞集根据以下约定命名：PCH_<robot_name><tool_name>。

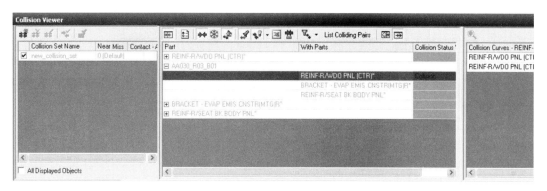

图 6-29　碰撞查看器图

（2）智能放置设置

机器人智能放置，使用户能够找到机器人和固定装置的最佳位置，它可以在以下两种模式下工作：

机器人放置，可使用户读取机器人发生碰撞或即将发生碰撞时，所选位置组的点的数据。这使用户能够以最佳方式定位机器人，选择机器人和位置后，定义一个搜索区域（2D 或 3D），指定用户希望系统检查的点数，过程模拟检查网格中的每个目标点（建议的机器人位置），并计算机器人是否可以从建议的机器人位置到达所有定义的位置。在此模式下，用户还可以使用智能放置创建碰撞集。

夹具放置，使用户能够确定所选机器人组在执行相关操作时夹具(零件和资源)的点范围，这使用户能够在保持机器人可达性的同时以最佳方式定位夹具。选择机器人及其关联的操作和夹具后，定义一个搜索区域（2D 或 3D），指定用户希望系统检查的点数，过程模拟检查网格中的每个目标点（建议的夹具位置），并计算机器人在执行操作时是否可以到达建议的夹具位置。

对于机器人和夹具的放置，系统都会以颜色编码图形表示。然后，用户可以将机器人或固定装置定位在最佳位置，确保所有机器人可以到达所有固定装置和位置。

选择机器人选项卡→智能放置 ⬛ →工具组，将显示智能放置对话框，如图 6-30 所示，并在图形查看器中标记默认搜索区域。

选择机器人放置。单击机器人字段，然后在图形查看器或对象树中选择所需的机器人；在位置列表中单击，然后从图形查看器或对象树中选择所需的位置。

选择夹具放置。单击焊接操作和机器人，然后从图形查看器、操作树或序列编辑器中选择所需的焊接操作，每个操作都与其分配的机器人一起列出。如果用户希望使用其他机器人来检查操作，可执行以下操作：在焊接操作和机器人列表中选择相关行；单击 ⬛ ，将出现替换机器人以选中操作对话框，如图 6-31 所示；从机器人下拉列表中，选择所需的机器人，然后单击确定；单击要放置的零件和资源字段，然后从图形查看器或对象树中选择所需的夹具。

在机器人放置模式下，单击自动创建碰撞集图标 ⬛ 以根据当前机器人放置数据创建碰撞集，碰撞集将显示在碰撞查看器中。在搜索区域部分中，定义要从中检查可访问性的网格或区域。用户可以通过以下方式之一定义区域的大小和要检查的区域中的点（格网）数：拖动滑动条，或单击其中一个超链接以显示网格区域定义对话框，如图 6-32 所示。

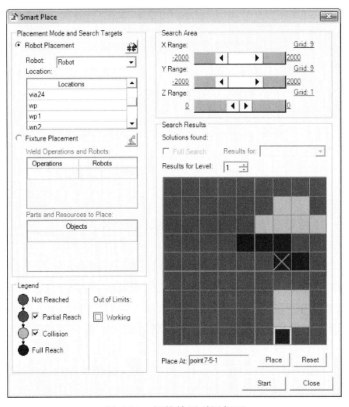

图 6-30 智能放置对话框图

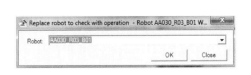

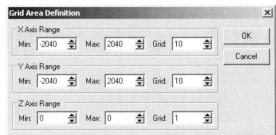

图 6-31 替换机器人操作对话框   图 6-32 网格区域定义图

指定 X、Y 和 Z 轴的范围，即栅格覆盖的轴的长度，以及要检查的轴上的点数。例如，X 轴的范围为–100～100，有 10 个点；Y 轴的范围为–100～100，有 5 个点；Z 轴的范围为0～10，有 2 个点。系统将检查的点总数为 X 点×Y 点×Z 点，在本例中为 100。过程模拟检查每个点，以查看所选机器人是否可以从每个点到达所选目标，搜索区域维度相对于所选机器人的位置。

在图例区域中，如果用户希望系统显示哪些点支持部分到达，哪些点会导致碰撞，可选中部分到达和/或碰撞，单击开始选项。过程模拟检查指定格网中的每个点，并创建结果的映射，机器人可达性的图形将会被显示，如图 6-33 所示。

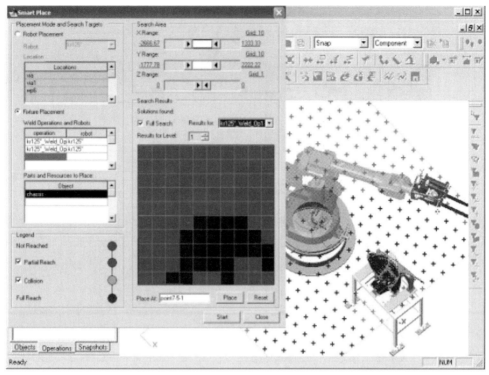

图 6-33　机器人可达性图

智能放置对话框的图形图像和图形查看器中的点的颜色如下：红色表示不可到达，即所选机器人无法从该位置到达所选位置或夹具；绿色表示部分覆盖面，选定的机器人可以从位置部分到达选定的位置或夹具；橙色表示碰撞，选定的机器人可以从此点到达选定的位置或夹具，但存在碰撞；蓝色表示可完全到达，选定的机器人可以从该位置到达选定的位置或夹具。

对于完全到达点和部分到达点，系统还会将机器人关节限制状态显示为点周围的框：紫色表示机器人超出了其物理关节极限；粉红色表示机器人超过其工作关节限制，但仍在其物理关节限制范围内；没有颜色则表示机器人保持在其工作关节限制范围内。

仅当用户正在执行夹具放置时，才会启用"完全搜索"。如果选择了两个或多个操作（及其分配的机器人），并且"过程模拟"检测到分配给第一个操作的机器人无法到达夹具，则会立即将当前网格点标记为无法访问，而不检查其他机器人。如果用户希望过程模拟检查所有机器人的每个网格点，可选中完全搜索。在这种情况下，将启用"结果"，使用户能够显示任何单个机器人的结果或所有机器人的结果的集合。从"级别"的结果中，选择要显示的级别，如图 6-34 所示，级别对应于 Z 网格值。若要在搜索完成之前停止搜索，可单击"停止"，"开始"按钮将取代"停止"。

考虑结果后，单击结果图中的点，则点的 X、Y、Z 坐标将显示在"位置"中，单击"放置"将机器人/夹具移动到所选位置，所选位置在搜索结果中标有 X；单击重置以将机器人返回到打开智能放置对话框时的原始位置，单击"关闭"以关闭智能放置对话框。

编辑焊点和中间点属性：属性可在 Path Editor 中体现，如图 6-35 所示，也可在 Path Editor 中对个别点属性进行调整，如图 6-36 所示。

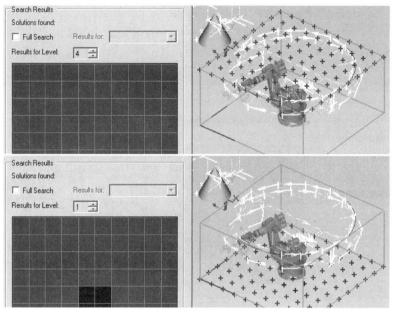

图 6-34　搜索结果图

图 6-35　Path Editor 焊点属性图

批量筛选焊点或中间点

运动类型

图 6-36　焊点属性调整图

6.2.4 定义 I/O 信号及离线编程

选中要设置信号的点，点击右键选择 Teach Pendant，在 OLP Commands 下点击 Add，设置发出信号、等待信号、等待时间、驱动机构运动、隐藏显示等，如图 6-37 所示。

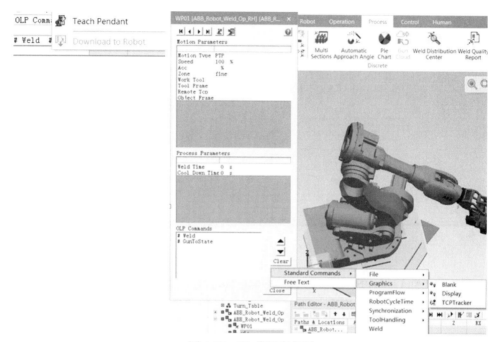

图 6-37 I/O 信号定义图

本教程是在安装 Tecnomatix_11.1_FANUC_RJ_64BIT_v1.93.6_01_04_2015.exe 控制器基础上默认出离线程序，不涉及 RCS。打开 Robot Properties→Controller ，点击 进行相关设置，如图 6-38 所示。

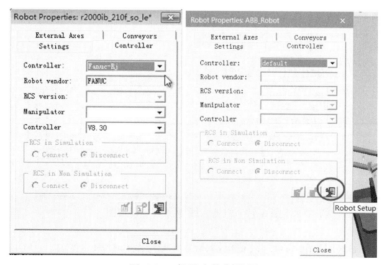

图 6-38 机器人控制器图

点击 Download Settings，设置下载离线程序内容，点击 OK，如图 6-39 所示。

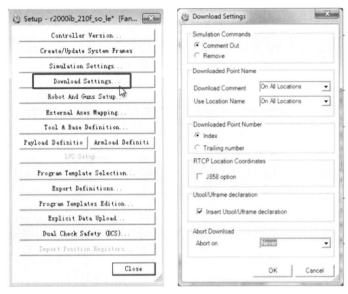

图 6-39　离线程序下载图

点击 Robot And Guns Setup，设置机器人编号及工具，点击 Store 后，关闭对话框，如图 6-40 所示。

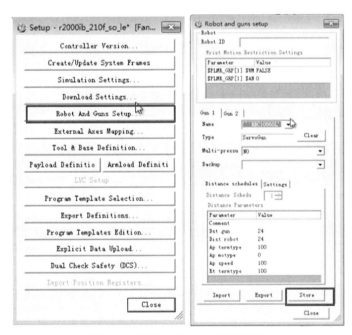

图 6-40　机器人编号及工具设置图

点击 Tool & Base Definition，设置机器人工具编号及车身原点坐标，分别点击 Apply 后，关闭对话框，如图 6-41 所示。

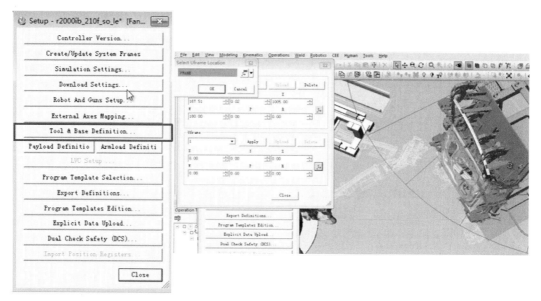

图 6-41　车身原点坐标设置图

点击 Program Template Selection，选择离线程序模板，默认文件类型为*.tls，如图 6-42 所示。

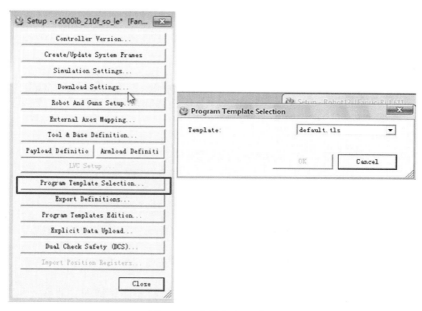

图 6-42　离线程序下载图

选择路径的所有点，在 Path Editor 中点击 Set Locations Properies 📖，定义点的 Uframe 和 Utool，如图 6-43 所示。

图 6-43　位置属性设置图

点击 ，自动运行示教，示教完成后点击 Download to Robot 下载程序，保存为*.ls 格式的文件。上传离线程序前，需要将*.ls 格式的文件转换为 FANUC 机器人可识别的*.tp 格式的文件，浏览 RJ Program Translator 文件夹，运行 tpptrans.exe。R-J ASCII Program Translator 窗口点击 Setup，定义机器人类型，在弹出的对话框中选择机器人类型，之后点击 Exit 退出该对话框，如图 6-44 所示。

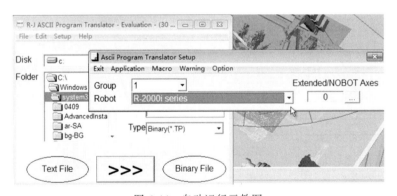

图 6-44　自动运行示教图

离线程序转换：浏览*.ls 离线程序所在的文件夹，选择需要转换的文件格式并选择需要转换的文件，点击转换按钮>>>进行格式转换，完成后点击确定即可。其中，现场程序文件 (*.TP)上传 PS 之前，需要同样方式转换为*.ls 格式的文件才可以，如图 6-45 所示。

焊接（Weld）选项卡包含用于指定焊缝位置的方向和角度偏差限制的参数，如图 6-46 所示，主要选项如下。

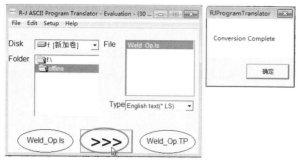

图 6-45　离线编程图

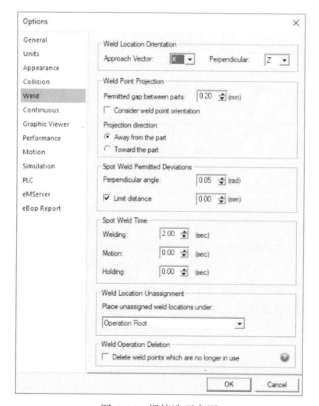

图 6-46　焊接选项卡图

① Approach Vector。用户可以选择哪个轴是焊接位置的接近轴。

② Perpendicular。用户可以选择哪个轴是焊接位置的垂直轴。

③ Permitted gap between parts。用于指定同一组中包含的零件之间的最小距离，焊点不能投影或翻转到位于允许间隙之外的零件上，默认值为 0.2mm。

④ Consider weld point orientation。如果设置，系统会将焊枪方向应用于新的焊点投影，包括平移和旋转。

⑤ Projection direction。用户能够确定焊接位置的投影方向：远离零件的焊缝点从零件投影（这是默认设置，用于对齐）和朝向零件，焊缝点向零件内部投影。

⑥ Perpendicular angle。用于指定点焊角度与垂直线之间的偏差限制。

⑦ Limit distance。用户能够为移动焊接位置时允许的距离定义值，设置投影焊缝位置与其当前位置之间的距离限制，以计算是否可以使用单/多位置机械手移动焊缝位置。

⑧ Welding。用户能够指定焊接操作所需的标准焊接时间。

⑨ Motion。用户能够指定焊接操作所需的标准运动时间。

⑩ Holding。用户能够指定焊接操作所需的标准保持时间。

⑪ Weld Location Unassignment（Place unassigned weld locations under）。用户能够为未分配的焊接位置配置位置。此设置使用户能够快速找到未分配的焊接位置，并提高用户的工作效率。以下选项可用：操作根目录，未分配的焊接位置存储在操作根目录下，这是默认选项；焊接操作的直接父级，未分配的焊缝位置从其原始位置向上移动一级；焊接操作的父操作，未分配的焊接位置存储在焊接操作所属的工作站过程下。

本章总结

在虚拟调试中，使用西门子公司开发的 PLCSIM 仿真软件与虚拟环境的焊装生产线进行连接，并交换不同的传感器和执行器信号，虚拟调试环境作为一种监控系统，在虚拟环境中的 PLC 程序有效运行后，从而控制 Process Simulate 系统中的焊装工位，并进行测试，可以使用西门子 OPC Server 来完成 PLC S7-300 和 Process Simulate 之间的连接。

在 Process Simulate 设定的焊装工位，包含 PLC 用来与机器人控制器通信的信号，PLC 在机器人控制器中设置了机器人信号并触发，在选定的机器人程序结束后，机器人控制器向 PLC 发送输入信号使机器人程序结束。机器人与 PLC 进行通信 Signal Viewer，定义完焊装工位的信号后，使用 PLCSIM 控制 Process Simulate 里的开始程序信号，开始焊装线的试生产。

焊装生产线的虚拟调试是汽车智能制造领域的最前沿技术之一，通过对汽车焊装工位的虚拟调试不仅可以减少制造企业在现场调试生产线的时间，还使产品在调试阶段可视化、最优化。焊装生产线的虚拟调试也可使设备的功能和动作，在虚拟模型上进行 PLC 程序修改和评估而不是在现实设备上操作，把风险降到最低值。

参考文献

[1] 王纪，秦小兵，张争光. 数字工厂技术在汽车焊装中的应用[J]. 冶金管理，2021（07）：7-8.

[2] 孙增光，王士军，孟令军，王春璐，周永鑫. 基于 RobotStudio 焊接机器人工作站仿真设计[J]. 机床与液压，2020，48（05）：29-33.

[3] 孟庆波. 工业机器人应用系统建模（Tecnomatix）[M]. 北京：机械工业出版社，2021.

第7章

创建装配过程

7.1 装配工艺发展

7.1.1 整车装配工艺装备概况

整车装配线，一般是指由输送设备（空中悬挂和地面）和专用设备（如举升、翻转、压装、加热或冷却、检测、螺栓及螺母的紧固设备等）构成的有机整体。

整车装配所用的设备主要包括：装配线所用输送设备、发动机和前后桥等各大总成上线设备、各种油液加注设备、出厂检测设备以及各种专用装配设备。

① 输送设备　主要用于总装配线、各总成分装线以及大总成上线的输送，完成汽车装配生产过程最重要的设备之一是汽车总装线。

② 大总成上线设备　是指发动机、前桥、后桥、驾驶室、车轮等总成在分装、组装后送至总装配线并在相应工位上线所采用的输送、吊装设备。车轮上线一般采用普通悬挂输送机和积放式悬挂输送机，发动机、前桥、后桥、驾驶室等大总成上线，传统的方式是采用单轨电动葫芦或起重机。

随着汽车装配的机械化、自动化水平的提高，目前各大总成上线普遍采用自行葫芦输送机和积放式悬挂输送机，也有少数厂家采用带有升降装置的电动磁轨小车（AGV）自动上线。

③ 各种油液加注设备　目前，燃油、润滑油、清洁剂、冷却液、制动液、制冷剂等各种加注设备的水平有了很大的提高，由过去的手工加注发展到采用设备定量加注，直到自动加注。尤其是在轿车装配中，普遍采用具有抽真空、自动检漏、自动定量加注等功能的加注机，保证加注的质量。

④ 出厂检测设备　整车出厂试验的水平也有较大的提高，由过去采用室外道路试验发展到现在采用室内检测线。出厂检测线一般由前束试验台、侧滑试验台、转向试验台、前照灯检测仪、制动试验台、车速表试验台、排气分析仪等设备组成。

⑤ 专用装配设备。随着汽车产量的提高和对质量的高要求，高效专用的装配设备进入装配线。现已广泛应用于整车装配的主要专用装配设备有：车架打号机、底盘翻转机、螺纹紧固设备、车轮装配专用设备、自动涂胶机、板簧衬套压装机、液压桥装小车等。

7.1.2 发动机装配工艺装备概况

发动机装配工艺装备主要分为五个类型：总成和分总成装配线、移载翻转设备、自动拧紧设备、专用装配设备和检测设备。

① 发动机装配线的类型　国内各发动机制造企业所采用的发动机装配线类型较多，大致可归纳为：自由滚道+双链桥架小车式、自由滚道+单链牵引地面轨道小车式、自由滚道+带随行支架地面板式、自由滚道+单链牵引地面轨道小车式+带随行支架地面板式、悬挂链式等。这几种装配线的主线皆为强制流水（连续或间歇），装配对象与主线的运行是一致的（同步），故称为同步装配线或刚性装配线。

② 专用装配设备和检测设备　在轿车发动机装配中普遍采用定转矩的多头螺栓（母）扭紧机（也称装配机），拧紧方法采用控制转矩-转角法，这种方法是目前世界上最先进的螺纹连接方法。此外，还采用气门自动装配机、装配机械手、自动涂胶机等设备，在关键的装配工序后都设有专门的检查工位，采用自动化检测设备控制装配质量。

③ 发动机出厂试验设备　发动机出厂试验是发动机产品的最后检验，在大量生产中，可提高生产效率及试验数据的准确性。

7.1.3　汽车装配技术发展趋势

近年来，随着汽车消费市场需求的个性化和多样化，汽车装配作业也从传统的单一品种、大批量生产向多品种、中小批量转化，装配生产的批量性特点趋于复杂，安装零件的品种、数量进一步增多，对零部件的接收、保管、供给、装配作业指导等都提出了新的要求。市场的变化必将使装配生产方式产生新的变革，逐步向装配模块化、自动化装配技术与柔性装配系统（FAS）、汽车虚拟装配系统（AVAS）发展。

① 装配模块化　所谓模块，是指按汽车的组成结构将零部件或子系统进行集成，从而形成一个个大部件或大总成，而生产装配模块化，即汽车零部件厂商生产模块化的系统产品，整车厂商只采购的模块化产品进行装配即可完成整车生产。

② 柔性装配系统（Flexible Assembly System，简称 FAS）　是近年才发展起来的一种多品种自动装配系统。它是由计算机控制的具有高度的装配自动化、装配柔性、生产率及较好的可靠性的自动装配系统，是柔性制造系统（FMS）的一个重要环节。

FAS 的发展与装配机器人的迅速发展分不开，柔性装配系统可编程序、可扩展、可更换并具有人机接口系统，由装配机器人系统、物料输送系统、零件自动供料系统、工具（手部）自动更换装置及工具库、视觉系统、基础件系统、控制系统和计算机管理系统组成。从结构上可分为柔性装配单元（FAC）和柔性装配系统（FAS）。柔性装配单元是借助一台或多台机器人按程序完成各种装配工作，采用机械视觉系统、超声波阵列检测零件位置及有关参数。柔性装配系统一种是柔性多工位同步系统，由传送机构组成的固定或专用装配线；另一种柔性装配系统是组合式结构，由装配机、工具和控制装置组合而成。柔性装配系统能在一条装配线上同时完成多个品种的安装工作。

③ 汽车虚拟装配系统（Automobile Virtual Assembly System，简称 AVAS）　是利用计算机辅助技术建立汽车零部件主模型。根据主要模型形状特性、精度特性、约束关系，进行计算机模拟装配—干涉分析—模拟装配等的多次反复，以达到预定评价标准的设计过程，并通过产品数据管理（Product Data Management，简称 PDM）将计算机辅助设计（CAD）、计算机辅助工艺规划（CAPP）和计算机辅助制造（CAM）统一集成起来，是具有高适应性和高柔性的集成化装配系统。

汽车虚拟装配工艺主要包括三部分：汽车总装产品数据管理，直接来自工具层中 PDM，总装产品数据主要包括产品设计结构数据、产品装配数据；装配单元划分，它是装配作业均衡的基础，是装配工序的直接来源，也是装配工具选用的依据，主要包括确定装配单元的任务，技术要求，装配工、夹具的选用，装配工序卡；装配作业均衡，用于解决装配线的平衡问题，达到平均分配作业量的目的，以提高汽车装配的生产效率，降低制造成本。

7.2　装配机器人

7.2.1　装配机器人概述

装配机器人是柔性自动化装配系统的核心设备，由机器人操作机、控制器、末端执行器和传感系统组成。其中操作机的结构类型有水平关节型、直角坐标型、多关节型和圆柱坐标型等；控制器一般采用多 CPU 或多级计算机系统，实现运动控制和运动编程；末端执行器为适应不同的装配对象而设计成各种手爪和手腕等；传感系统用来获取装配机器人与环境和装配对象之间相互作用的信息。

装配机器人与一般工业机器人相比，具有精度高、柔顺性好、工作范围小、能与其他系统配套使用等特点，广泛应用在工业生产中的各个领域，主要用于各种电器制造（包括家用电器，如电视机、录音机、洗衣机、电冰箱、吸尘器）、小型电机、汽车及其部件、计算机、玩具、机电产品及其组件的装配等方面。例如在汽车装配行业中，人工装配已基本上被自动化生产线所取代，这样既节约了劳动成本，降低了劳动强度，又提高了装配质量并保证了装配安全。随着装配机器人功能的不断发展和完善，以及装配机器人成本的进一步降低，未来其将在更多的领域发挥更加重要的作用。

7.2.2　Process Simulate 机器人协作介绍

① 机器人和自动化规划　过程模拟机器人和自动化规划为生成各种模拟和调试提供了基础。技术能力包括特定于焊接的应用、工厂车间系统的调试、各种机器人应用的覆盖范围、用于制造特征管理和路径规划的向导和自动化工具。机器人和自动化规划使用下一代机器人技术，通过在模拟和下载到各种供应商机器人时使用控制器特定方法，确保完整的系统合规性。机器人和自动化规划环境支持各种行业标准 OLP 控制器和基于 ROSE 和.NET 功能的开放式体系结构，适用于高度配置的环境。

② 协作生产力　使工程团队能够设计工作单元，其复杂性从单个工作站到完整生产线不等，这些功能在开放和受控的环境中提供，可加快开发和验证。优化的特征分布和管理，即通过分布技术优化焊缝、基准面，提供分配状态的动态视图；改善了从单元到工作站级别开发的团队协调，并能够处理当今的机器人制造配置；图形系统基于 JT 引擎，支持运动学。

③ 虚拟机器人和自动化调试　过程模拟调试使用户能够简化从概念设计到车间的现有制造和工程数据。它为用户提供了一个通用的集成平台，用于参与生产区域/单元（机械和电气）实际调试的各个学科，它能够使用过程控制（OPC）的对象链接和嵌入以及实际机器人的程序，使用实际硬件模拟真实的可编程逻辑控制器（PLC）代码，从而实现非常逼真的虚拟调试环境。

7.3　对象流操作

使用"新建对象流操作"选项，可以创建将对象从一个位置移动到另一个位置的复合操作，此操作主要用于移动组件中的零件以进行装配体算例。用户可以使用现有路径或创建新路径来创建对象流操作。

在图形查看器或对象树中选择一个对象,然后选择操作选项卡→新建操作组→新建操作→新建对象流操作 ![icon], 或者选择主页选项卡→操作组→新建对象流操作 ![icon], 将显示新建对象流操作对话框,并在对象字段中显示所选对象的名称,如图 7-1 所示。

用户可以选择原型作为流操作的对象,原型以括号中的复合操作的名称命名,这表示原型已通过流程设计器提供给该复合操作,如果创建一个流程操作来模拟一个原型,则会在提供原型的复合操作下创建流操作。

在名称字段中,输入操作的名称,默认情况下,所有新的对象流操作都命名为 Op#,如果用户愿意,可以覆盖此名称;单击作用域下拉列表以选择要作为"新建对象流操作"的父级的操作根,或在操作树中单击该操作。

通过以下方式之一选择操作的路径:若要创建新的对象流路径,可选择创建对象流路径,然后通过单击起点/终点字段并选择路径开始/结束的位置来指定起点和终点;在图形查看器中选择一个位置,默认情况下,所选对象的当前位置是起点,将在指定点创建一个位置,并显示在图形查看器中。若要使用现有路径,可选择使用现有路径,然后从路径下拉列表中或在图形查看器或对象树中选择一个路径。

要指定对象流操作的更多详细信息,可单击展开按钮 ![icon],新建对象流操作对话框随即展开,如图 7-2 所示。

 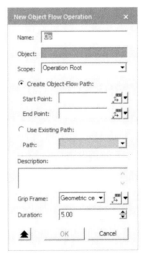

| 图 7-1　新建对象流操作图（一） | 图 7-2　新建对象流操作图（二） |

在描述字段中,可以输入对相关操作的描述。如果在说明字段中输入了说明,则该说明将显示在操作属性对话框中。

通过以下方式之一为所选对象选择 Grip Frame:所选对象的几何中心,这是默认设置;该项目的 Working frame 把框架叠加在物体的自框架上;通过单击参考框架按钮旁边的下拉箭头 ![icon],并使用四种可用方法之一指定框架的确切位置,来指定夹持框架的确切位置,所选夹持框将创建并显示在图形查看器中和对象树中组件下。

在持续时间字段中,通过使用向上和向下箭头或键入所需时间来修改操作的持续时间。默认情况下,持续时间为 5s,如果需要,可以在选项对话框的单位选项卡中更改度量单位。

单击"确定"。将在指定的起点和终点之间创建一个路径,该路径显示在图形查看器中。对象流操作是沿着路径创建的,并显示在操作树中,如果当前操作尚不存在,新操作将自动设置为当前操作，因此显示在序列编辑器和路径编辑器中，在所有三个位置中，路径上的每个位置都显示为操作的子位置。

通过导航树执行将原型分配给复合操作，原型分配到的复合操作在原型名称的括号中指示，如果将原型组件分配给多个复合操作，则该原型组件将在图形查看器和对象树中列出，对于分配给它的每个复合操作都会列出一次。

7.4　装配仿真过程

Process Simulate 以虚拟方式对制造流程进行事先验证，可提供与制造中枢完全集成的三维动态环境，用于设计和验证制造流程。制造工程师能在其中重用、创建和验证制造流程序列来仿真真实的过程，并帮助优化生产周期和节拍；流程仿真扩展到各种机器人流程中，能进行生产系统的仿真和调试，流程仿真允许制造企业以虚拟方式对制造概念进行事先验证，是推动产品快速上市的一个主要因素。

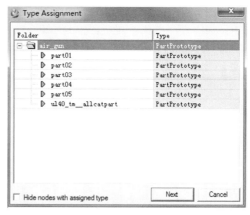

装配仿真充分利用数据管理环境，开展全面详尽的装配操作可行性分析，并可利用验证工具进行三维剖切、测量以及碰撞检测，模拟完整的排序和自动化装配路径规划仿真。

（1）装配前期准备

首先，需要了解产品的装配流程，了解产品的结构简图。导入装配产品数据，选择需要的构件，如图 7-3 所示。

图 7-3　装配产品数据导入图

随后，搭建装配产品树，如图 7-4 所示；同时录入装配工艺信息，如图 7-5 所示。

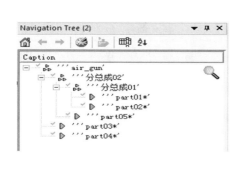

图 7-4　装配产品树搭建图

图 7-5　装配工艺信息录入图

装配产品进行分配，如图 7-6 所示。

装配流程定义。选中工艺树节点，右键使用 Pert 图打开，如图 7-7 所示。

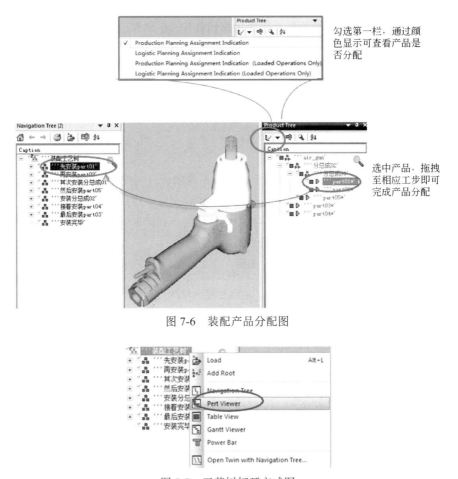

图 7-6　装配产品分配图

图 7-7　工艺树打开方式图

通过 New Flow 命令建立工步之间流程，分配后产品可在 Pert 图中显示，如图 7-8 所示。

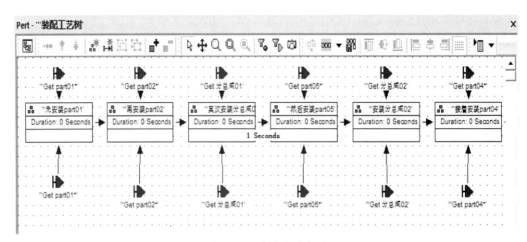

图 7-8　工步流程建立图

装配仿真准备。将项目节点下装配工艺树和产品树拖拽至仿真文件夹下，如图 7-9 所示。

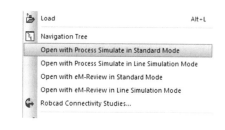

图 7-9　添加装配工艺树和产品树图　　　　图 7-10　进入 PS 仿真环境图

（2）装配操作设置

右键 RobcadStudy 选择 Open with Process Simulate in Standard Mode 进入 PS 仿真环境，如图 7-10 所示。

装配操作定义。创建装配操作步骤如下。单击选中装配工步，如图 7-11 所示。

选择装配操作命令 New Object Flow Operation，如图 7-12 所示。

图 7-11　选择装配工步图　　　　图 7-12　装配操作命令图

调出 Part Flow 对话框，如图 7-13 所示。定义 Part Flow 的 Object：打开 Object Tree（View→Viewers→Object Tree），这里显示的是刚才加载进来的产品结构，选中需要设置路径的零件；Scope：选择操作树下相应工步；Start/End Point：设置路径的开始位置和结束位置，从 3D 视图中点选位置，或者点选 图标，在弹出的对话框中输入坐标；Path：选择已有路径；Grip Frame：路径运行的参照坐标系；Duration：产品在该路径的运行持续时间。

图 7-13　对话框设置图　　　　图 7-14　装配路径定义图

装配路径定义。装配路径定义需要将 Operation Tree 中装配工艺树添加至 Path Editor 里，Path Editor 编辑器通过 View→Viewers→Path Editor 打开，具体路径设置同前所述，如图 7-14 所示。

装配初始位置快照。将产品加载至三维窗口后，点击 Views→Viewers→Snapshot Editor，在 Snapshot Editor 编辑视图窗口中，点击 New Snapshot，创建快照；点击 Selectively updata the eMServer 保存快照。如果在仿真过程中，三维数模位置发生变动，可以双击建好的快照，所有的资源会回归到创建快照时的位置。

装配干涉验证。干涉设置同前所述，装配路径扫掠体积。选中操作路径，如图 7-15 所示；打开 Operation→Swept Volume 对话框，设置扫掠精度，如图 7-16 所示；生成空间扫掠体积，如图 7-17 所示；生成空间扫掠干涉体积，连选中两扫掠体，Operation→Interference Volume，如图 7-18 所示。

图 7-15　操作路径设置图

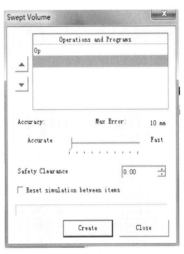

图 7-16　扫掠精度设置图

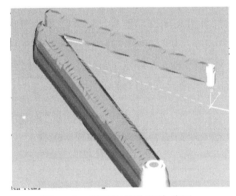

图 7-17　空间扫掠体积生成图

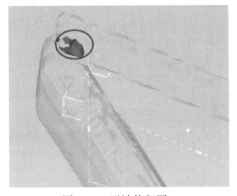

图 7-18　干涉体积图

（3）装配序列创建

装配事件触发。装配序列编辑器：打开 Operation Tree，选中装配工艺树节点，右键弹出菜单选择 Set Current Operation，添加至 Sequence Editor 中可进行操作序列编辑，且可以添加仿真事件（红色圆点），如图 7-19 所示。

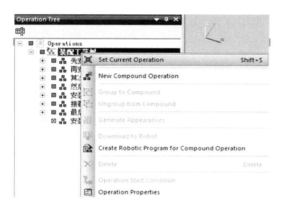

图 7-19　Set Current Operation 图

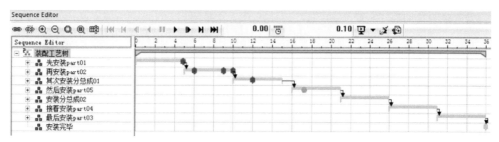

为工步间建立关联，为工步间取消关联，向前运行仿真，向后运行仿真，
跳到仿真起始位置，跳到仿真结束位置，向后运行仿真至操作起始位置，向前运行仿
真至操作起始位置，向前步进运行仿真，向后步进运行仿真，如图 7-20 所示。

图 7-20　Sequence Editor 界面图

　　装配整体流程搭建。创建好所有的路径后，需要对装配路径的先后顺序进行定义，在
Sequence Editor 窗口中，按照操作的先后顺序选择操作，点击 Link 。若需要重新连接，就
点击 Unlink 。Sequence of Processes （SOP） link 的另一方法，如果两个相邻操作有一定
时间的延迟，可以选择两个操作之间的连接线，右击选择 Link with Offset，在弹出窗口中 Delay
Time 中输入延迟时间，如图 7-21 所示。

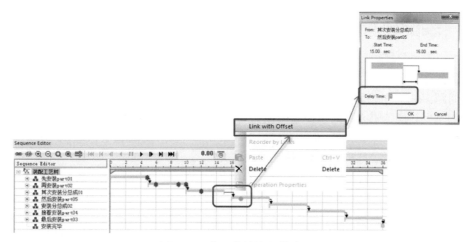

图 7-21　装配整体流程搭建图

装配事件添加。菜单栏中包括的功能如图 7-22 所示。

图 7-22 装配事件添加图

注意：添加关联事件时需要选中工步相对应时间条，右键弹出快捷菜单即可，如图 7-23 所示。

注意：选中已添加事件（红色圆点），右键弹出快捷菜单可对事件进行编辑和删除，如图 7-24 所示。

图 7-23 工步快捷菜单图

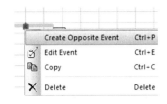

图 7-24 已添加事件快捷菜单图

7.5 装配碰撞查看

碰撞查看器是规划和优化装配过程的重要工具，用户可以使用碰撞查看器来检查装配过程中计划的操作的可行性，并确保该过程没有冲突。例如，装配车身时，可以使用碰撞查看器回答如下问题：在装配过程中，安装座椅的最佳时间点是什么时候？在拟议的装配过程点，是否有足够的空间让座位进入？可以使用碰撞查看器显示特别感兴趣的计划碰撞集并隐藏其他碰撞集。例如，要将电源安装在 PC 的存储模块中，用户可以指定检查电源与 PC 存储模块之间的冲突，同时忽略硬盘与 PC 存储模块之间的冲突。

在对建议的过程运行模拟时，碰撞查看器可以指示碰撞对象的碰撞曲线。用户可以将碰撞作为报表查看，也可以在图形查看器中以图形方式查看，这使用户能够进行交互式校正并优化过程以获得最佳结果。

在线模拟模式下工作时，碰撞查看器与标准模式下的零件外观的关联与零件的关联完全相同。例如：零件外观保留在碰撞集中；当特定外观包含在碰撞集中时，它将显示为它所表示的部分，系统会检测与同一零件的任何其他外观的碰撞，切换回标准模式时，碰撞列表显示零件名称以代替零件外观。在标准模式下，系统会检测与零件本身的碰撞。

碰撞查看器布局。碰撞查看器使用户能够定义、检测和查看当前显示在对象树中的数据中的冲突，以及查看碰撞报告。碰撞查看器由三个窗格组成（图 7-25）：左窗格包含用于创建和管理冲突集的编辑器；中间窗格显示碰撞结果并包括查看选项，主对象节点显示为红色，碰撞对象为蓝色；右窗格显示所选碰撞的碰撞曲线列表，每条曲线都以其碰撞对象命名。

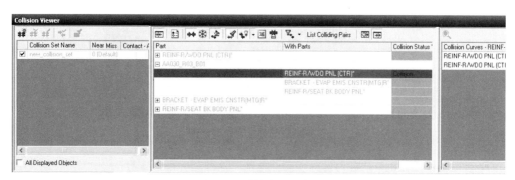

图 7-25　碰撞查看器框图

碰撞查看器的左窗格包括以下选项：

新的碰撞集。定义新的碰撞集，同第 6 章的新建碰撞集命令。

删除碰撞集。删除以前创建的冲突集。

编辑碰撞集。更改以前创建的冲突集的定义。

快速碰撞。从选定对象快速创建碰撞集。此碰撞集显示在碰撞查看器的左窗格中，名称为 fast_collision_set。使用此选项创建的碰撞集是自集，这意味着将检查集合中的所有对象是否相互冲突，算例中可能只存在一个快速碰撞集，如果创建另一个，它将替换以前的快速冲突集。如果所选对象仅由点云/点云图层组成，则禁用快速碰撞；如果所选对象同时包括点云/点云图层和其他对象，则所有点云/点云图层都将列在快速碰撞窗口的左窗格中。

强调碰撞集。在图形查看器中以黄色、蓝色和橙色强调选定的碰撞集。碰撞集编辑器左侧（Check：）列中的对象显示为黄色，右侧（With：）列中的对象显示为蓝色，两列中列出的对象均显示为橙色。碰撞集编辑器的左侧、右侧或两列中列出的非碰撞实体（请参阅工具定义）以不同的颜色突出显示——绿松石表示检查列，胭脂红表示 With 列，深绿色表示两列。再次单击该图标可恢复正常查看。

☑ All Displayed Objects 所有显示的对象。激活后，检查图形查看器中显示的所有对象之间的冲突，此选项将忽略定义的冲突集，启用此选项可能会对系统性能产生重大影响，此选项不检查点云和点云图层。

激活强调碰撞集时，图形查看器以黄色和蓝色显示所选碰撞集中的对象，当存在碰撞时，无论是否激活了强调碰撞集，碰撞对象都将以红色高亮显示，如图 7-26 所示。

碰撞查看器的中间窗格包括以下选项：

显示/隐藏碰撞集。显示/隐藏碰撞查看器的碰撞集编辑窗格。

碰撞模式开/关。激活/停用碰撞模式。

冻结查看器。冻结碰撞查看器，以防止在图形查看器中移动对象时动态更新碰撞报告。

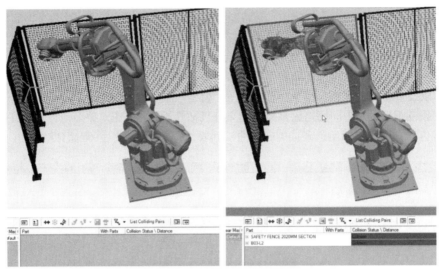

图 7-26　正常与碰撞对比图

碰撞选项。使用户能够设置默认碰撞选项，详细配置见第 6 章。

显示碰撞曲线。在图形显示中切换碰撞对象的碰撞曲线，曲线以黄色显示，选定后，曲线将显示为绿色；也可以在碰撞曲线窗格中右键单击该曲线，然后选择缩放选项可以缩放碰撞曲线显示。碰撞曲线不一定是一条连续的直线，当碰撞的物体在某些地方相互接触，但在另一些地方不接触时，碰撞曲线由许多部分组成。如果碰撞集包含多个碰撞对象，则会生成多个碰撞等值线，不会为点云和点云图层生成碰撞等值线。

显示碰撞对。定义如何显示一对碰撞对象的碰撞状态，如果未选择该按钮，则将忽略下拉列表选择，否则，将应用以下选项之一：所选对的颜色，所选对在图形查看器中着色，主对象节点为红色，碰撞对象为透明蓝色，所有其他对象都是白色的；仅显示选定的对，所选对将显示在图形查看器中，不显示所有其他项目。

导出到 Excel。将碰撞查看器中的信息另存为 .CSV 文件。

显示/隐藏碰撞曲线。显示/隐藏碰撞查看器的碰撞曲线窗格。

碰撞深度。计算碰撞物体的穿透深度，以一个矢量来显示，沿该矢量可以撤回其中一个碰撞对象以解决碰撞状态。在碰撞查看器的"零件"列表中，选择一个碰撞零件，然后单击，将出现碰撞深度对话框，如图 7-27 所示。在碰撞对区域中，Object（对象）显示所选零件的名称，With Objects 列出所选零件发生冲突的所有零件。

在 Penetration vector（穿透矢量）区域中，Vector（矢量）显示穿透矢量的 X、Y 和 Z 方向分量，Penetration depth（穿透深度）显示碰撞对象的穿透深度。

当 Collision Depth（碰撞深度）对话框处于活动状态时，图形查看器以红色显示碰撞对象，以黄色显示碰撞

图 7-27　碰撞深度框图

穿透矢量。矢量显示为指向移动所选碰撞部分的方向的箭头，以及移动该方向的距离以解决碰撞状态，如图 7-28 所示，碰撞深度不检查点云和点云图层。

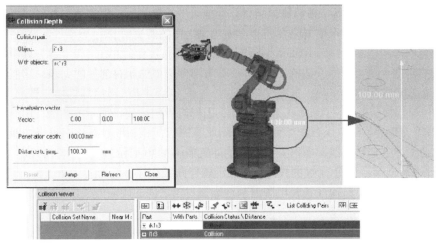

图 7-28　图形查看器界面

默认情况下，Distance to jump（跳跃距离）显示碰撞对象的穿透深度。这是移动所选碰撞零件以解决碰撞状态所需的距离，移除碰撞状态时，如果要在碰撞对象之间产生额外的间隙，可更改此距离。如果有多个解决方案来解决碰撞状态，系统将选择最短的矢量；如果碰撞部分与多个其他对象碰撞，系统将计算最短矢量，以解决碰撞部分与其碰撞的所有对象之间的碰撞状态。

单击 Jump（跳转），系统将所选碰撞部分按设置的距离移动来跳跃，并沿穿透矢量的方向移动，冲突状态已解析，图形查看器和碰撞查看器都显示为无冲突这一新状态，如图 7-29 所示。

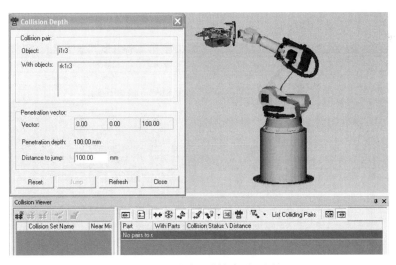

图 7-29　图形及碰撞查看器图

如果用户对解决方案不满意，可单击 Reset（重置）以还原到碰撞状态；如果对碰撞状态进行了更改，请单击 Refresh（刷新）以重复计算穿透矢量，单击 Close（关闭）退出碰撞深度对话框。

颜色碰撞对象。切换碰撞对象的颜色加亮，以便于清晰地查看碰撞对象，如果"显示碰撞对"处于活动状态，则此函数将在红色/透明蓝色和对象的原始颜色之间切换突出显示。

 碰撞结果过滤器。筛选碰撞结果，选择以下选项之一：仅列出碰撞对（以红色突出显示）；列出所有对（显示单元格中所有可见对象之间的距离）。

碰撞查看器在"零件"列中显示当前涉及碰撞的所有零件，并在"带零件"列中显示这些零件碰撞的零件，单击部件旁边的"+"可查看与部件碰撞的所有部件的列表；这些部件显示为用户正在查看的部件的子项，选取父零件时，与子零件的所有碰撞都将加亮显示。

使用"碰撞曲线"窗格（右侧）可以选择在图形查看器中突出显示的曲线，用户也可以选择一条曲线，然后单击 以在图形查看器中缩放该曲线，在图形查看器中单击曲线会自动在碰撞曲线面板中选择该曲线，图形查看器中的冲突如图 7-30 所示。

运行模拟时，不会显示碰撞曲线，并且显示碰撞曲线图标将变为非活动状态。但是，当仿真完成（或暂停）时，碰撞曲线将再次显示。碰撞对象之间的碰撞曲线如图 7-31 所示。

图 7-30　图形查看器冲突图

图 7-31　碰撞曲线图

当用户使用碰撞设置选项卡中的最低可用级别选项时，碰撞查看器可以在链接和实体级别显示碰撞详细信息，单击碰撞查看器工具栏上的显示\隐藏碰撞详细信息图标 可打开碰撞详细信息窗格，如图 7-32 所示。

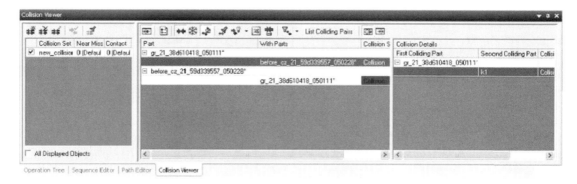

图 7-32　碰撞详细信息图

7.6　装配路径设置

路径编辑器通过显示有关路径和位置的详细信息，提供了一种可视化和操作路径数据的简单方法，支持不同类型的路径，包括装配研究、人员和焊接。要启动路径编辑器，可选择主页选项卡→查看器组→路径编辑器，路径编辑器左侧包含一个树，右侧包含一个值表，如图 7-33 所示。

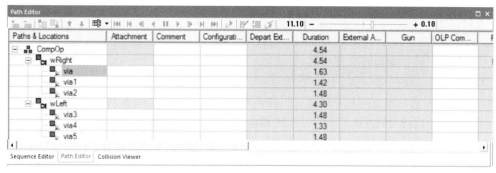

图 7-33　路径编辑器图

树包含当前操作中路径和位置的层次结构，树的根目录是当前操作的名称，选择一个位置将显示在图形查看器中。在路径编辑器中，用户可以轻松添加、删除、复制、粘贴和重新排序路径、位置和操作，这可以在路径内和不同路径之间执行，可以将路径从操作树、对象树或图形查看器（只能从图形查看器拖动位置）单击并拖动到复合操作中。

路径编辑器工具栏显示如图 7-34 所示，其中可用的选项描述如下：

🗎 🗎 🗎 🗎 ↑ ↓ 🖦 ▾ ｜◀◀ ◀｜ ◀◀ ◀ ▐▐ ▶ ▶▶ ▶｜ ▶▶｜ ↲ 🗎 🖩 🗎｜11.10｜ − ─────○─ ＋0.10

图 7-34　路径编辑器工具栏

🗎 将操作添加到编辑器。将对象树中的当前操作添加到路径编辑器。

🗎 从编辑器中删除项目。从路径编辑器中删除选定项，此操作不会删除该操作。

🗎 将操作添加到路径编辑器。使用户能够将操作添加到路径编辑器。

🗎 从路径编辑器中删除操作。使用户能够从路径编辑器中删除操作。

↑ 上升。在树中的节点上移动一个或多个选定的（顺序）位置，即更改操作的顺序。

↓ 下移。将一个或多个选定的（顺序）位置向下移动树中的节点，即更改操作的顺序。

🖦 ▾ 自定义列。使用户能够选择要在路径编辑器表中显示的列，要加载现有的路径编辑器列集，可单击自定义列图标中的箭头，然后选择预定义的列集。

🗎 设置位置参数。使用户能够编辑多个位置的参数。

🖩 路径段模拟。使用户能够选择路径的一段（一组连续的位置）进行模拟。

录像机型控制装置介绍如下：

◀◀ 跳到开始。将模拟设置为加载操作的开始，机器人跳转到段范围的第一个位置。

◀｜ 播放模拟向后到操作开始。反向播放模拟，直到加载的操作开始，图形显示仅在操作段范围内更新。

◀◀ 步进模拟向后退。向后单步执行模拟，图形显示仅在操作段范围内更新。

◀ 向后播放模拟。反向播放模拟，图形显示仅在操作段范围内更新。

▐▐ 停止\暂停。停止模拟。

↲ 从此位置播放。选择位置操作后，使用此命令在后台运行模拟，直到它到达所选位置，从那里开始，模拟继续以可见的方式运行给用户。

11.10 模拟时间。显示正在运行的模拟的经过时间。

− ─────○─ ＋仿真速度。使用户能够修改模拟速度，即使在模拟期间也可修改。

0.10 ⬍ 模拟时间间隔。使用用户能够配置模拟时间间隔,指定计算位置时使用的采样间隔,更短的时间间隔可提供更准确、更好的流动仿真,较长的时间间隔会占用较少的计算机资源,但会产生跳跃并降低模拟的观看质量。

另外,还有自动示教 功能。在仿真过程中当零件移动时,零件上的位置也会移动,并且其绝对坐标也会发生变化。因此,机器人可能无法找到这些位置。激活自动示教后,自动示教功能将为模拟操作中的每个位置设置以下内容(始终是路径编辑器中首先列出的操作):机器人配置对话框中列出的机器人解决方案中的最佳机器人配置。运行模拟后,配置列中将显示 ;如果要检查结果,双击此图标以打开机器人配置对话框。在自动示教模式下运行仿真以确定最佳机器人配置后,机器人在未处于自动示教模式时使用此配置,单击 以删除机器人配置。用户可以在运行自动示教后手动编辑机器人配置。

在仿真期间,附在零件上的机器人位置的绝对位置坐标显示在示教列中,有必要在自动示教模式下运行模拟以确定坐标,完成此操作后,机器人能够在无示教模式下使用坐标来查找模拟过程中移动的位置。如果在动态参考帧列中输入帧,则示教坐标将相对于所选帧进行记录。对于已安装的工件操作,相对于机器人工具框架记录示教坐标,将程序下载到机器人时,也会使用自动示教数据。

7.6.1 编辑路径

选择要编辑属性的位置或操作,单击 ,将出现设置位置属性对话框,如图 7-35 所示,所有选定的位置必须分配给使用同一控制器的机器人。

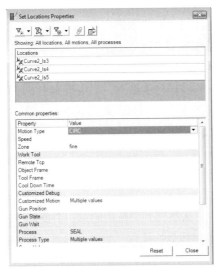

图 7-35　位置属性设置图

图 7-36　位置属性右窗格图

"位置"显示所有选定的位置,用户可以通过单击下列选项之一来筛选此列表:

按位置类型筛选。从"全部""过孔""通用""焊缝""接缝""第一个接缝""最后一个接缝"和"接缝过孔"位置中进行选择。

按运动类型筛选。从"全部""关节""线性"和"圆周运动"中进行选择。

按进程类型筛选。此列表根据自定义控制器上可用的过程类型动态填充。

如果要从现有源位置复制属性,而不是手动编辑它们,展开设置位置属性对话框后单击，将会显示设置位置属性对话框的右窗格，如图 7-36 所示。

单击"从位置获取属性"字段，然后选择源位置，源位置属性列出了所选位置的属性；从"源位置属性"中，选择要复制到"位置"中列出的位置的属性，然后单击 ＜ 。如果要编辑焊接位置并配置局部自动装置参数，这些参数与相应的映射焊缝点属性值不同，且这些参数以斜体显示。可在设置位置属性工具栏中单击 ，将所有焊接位置自动装置参数重新链接到其相应的焊接点属性。重新链接参数后，它们不再以斜体显示，表明它们现在与其映射的 Mfg 属性值相同。用户可以单击"重新链接"列中的 图标以重新链接所选位置的各个参数，如图 7-37 所示。如果用户希望放弃所做的更改，可单击重置。

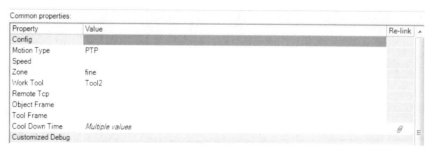

图 7-37　各参数属性图

7.6.2　自定义模拟

用户可能希望专注于操作的特定段，例如优化或调试它。在这种情况下，每次从头开始模拟操作既耗时又多余。用户可以将感兴趣的位置定义为操作段。当处于"过程模拟"模拟段时，模拟将从第一个选定位置运行，并在最后一个选定位置完成。

在路径编辑器树中，选择要模拟的位置，单击 ，所选位置保持不变，所有其他位置均为灰色阴影，如图 7-38 所示。其中一个区段必须至少包含一个位置，段中的位置必须是连续的，选择好后运行模拟。

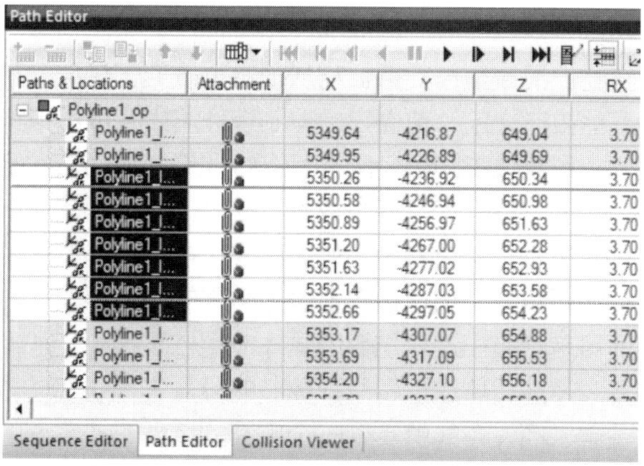

图 7-38　模拟位置选择图

用户可以使分配给流动操作的机器人跳转到操作中的任何位置，以便调查所选位置的情况，分配的机器人是分配给所选位置的父操作的机器人。在路径编辑器中加载流操作，右键单击要跳转机器人的位置，然后选择跳转分配的机器人，机器人跳到目标位置，如图 7-39 所示。

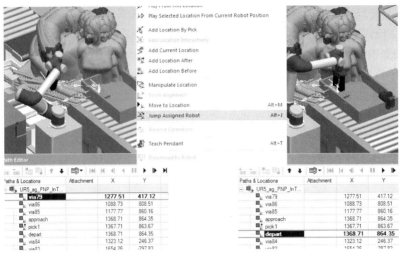

图 7-39　机器人跳转图

利用 Process Simulate，能够对制造过程进行分步验证。通过在同一环境中模拟装配过程、人工操作、焊接、激光焊、黏合和其他机器人过程，能够对虚拟生产区进行仿真，仿真模仿了真实的人工行为、机器人控制器和 PLC 逻辑。

利用 Process Simulate Assembly，用户能够验证装配过程的灵活性。它使制造工程师能够决定最高效的装配顺序，满足冲突间隙并识别最短的周期时间。通过搜索一个经过分类的工具库，进行虚拟伸展测试和冲突分析，并仿真产品以及工具的全部装配过程，Process Simulate Assembly 提供了选择最适合过程的工具的功能。

虚拟装配是虚拟制造的关键组成部分，它利用计算机工具，通过分析、预测产品模型，对产品进行数据描述和可视化，做出与装配有关的工程决策，而不需要实物产品模型作支持。它从根本上改变了传统的产品设计、制造模式，在实际产品生产之前，首先在虚拟制造环境中完成虚拟产品原型代替实际产品进行试验，对其性能和可装配性等进行评价，从而达到全局最优，缩短产品设计与制造周期，降低产品开发成本，提高产品快速响应市场变化的能力。虚拟装配是许多技术的综合利用，例如可视化技术、仿真技术、决策理论、装配和制造过程的研究等。仿真是实现虚拟装配的主要手段。

然而目前，装配过程仿真的具体应用依然很少，从事此方面研究的科技人员大多是对某些具体造型及装配环节的算法进行研究，基本处于初期的理论探索和试验中，而没有能够实现一个完整的装配集成系统的建模和实际产品的开发。从建立实用系统的角度来说，装配过程仿真系统还存在一些问题，未来以后一段时间内，基于三维 CAD 的装配过程仿真系统将会向以下方向发展：

① 配合的约束关系自动生成和识别。装配模型中的配合约束关系从总体上体现了产品的功能，虽然通过三维几何建模可以直接、方便地在图形上生成组装体，但是其零件间并未建立配合的约束关系，因而不能支持设计后的约束驱

动修改。因此如何能根据约束特征来自动生成配合的约束关系是发展装配仿真技术的一个重要内容。

② 发展适用的人机型装配规划技术。构建装配规划过程的可视化和人的智能融入化，实现在虚拟环境下进行装配规划的生成。

③ 装配干涉检查和配合力分析的智能化。如应用多媒体技术使干涉部位变色、闪烁、声响，示出干涉区范围和干涉量。对配合时受力状态和配合公差的分析结果提供可视化的直观形象，以利于优化装配工艺。

④ 装配术与产品数据库 PDM 结合。当对机器进行故障诊断或修理更换某一零件时，利用 PDM 中数据在虚拟环境中形象地示出它的相关特征和配合情况，有利于提供更准确的维护信息。虚拟装配技术是将 DFA 技术与 VR 技术相结合，建立一个与实际装配生产环境相一致的虚拟装配环境（Virtual Assembly Environment，缩写为 VAE），使装配人员通过虚拟现实的交互手段进入 VAE，利用人的智慧直觉地进行产品的装配/拆卸操作，用计算机来记录人的操作过程，以确定产品的装、拆顺序和路径。

参考文献

[1] 叶洪飞. 汽车装配线的可视化仿真研究[J]. 时代汽车，2020（22）：146-147.

[2] 张鑫，居里锴，王云峰，周成. 机械产品装配仿真方法研究[J]. 机械制造与自动化，2020，49（04）：109-112.

[3] 赵锡恒. 基于 RobotStudio 的工业机器人装配工作站仿真应用[J]. 机电工程技术，2020，49（08）：204-206.

第8章
Process Simulate Human 及人体模型工具介绍

在西门子 PLM 的产品线中，有多款软件产品中包含人机分析的功能以满足不同的分析场景，其中 Process Simulate Human 主要应用于装配及人机操作过程、详细工位布局优化的分析。本章主要介绍西门子人机交互软件的种类、Process Simulate Human 的应用场景及应用流程、软件应用模式以及价值。

8.1 Process Simulate Human 介绍

8.1.1 概述

西门子人机工程仿真为产品全生命周期的各个阶段提供分析和仿真验证工具，从而实现在虚拟环境中对产品的研发、制造和维护过程进行验证，及早发现产品设计、工艺设计的潜在问题，进行迭代优化，最终实现提升设计质量、降低制造成本及缩短研发周期的目标。

在产品研发阶段，内嵌在 NX 设计工具中的人机分析提供人体建模、可达性分析等，针对车辆设计领域对不同乘员（主驾、副驾、后排乘员）姿态预测和舒适性分析等功能，并结合车辆设计自动化功能实现不同的工况下人体的视野范围分析等，实现产品设计与人机交互分析的一体化协同，优化产品设计。

在 Team center Visualization 中可加载轻量化的产品模型，进行不同国家人体统计数据的人体建模，对人体的可达性、间隙和可视性进行研究，并通过姿态库和调整工具对人体进行姿态调整，对人体的运动过程进行分析。Human 菜单栏如图 8-1 所示。

图 8-1　Human 菜单栏

在产品制造研发阶段，可使用 Process Simulate 加载虚拟装配环境，如工位、设备、工具、工装等各类工艺资源，并实现对各类资源的运动学定义，在统一的环境中实现产品的可装配性、人机交互可行性、人体受力、疲劳等全面分析，从而优化产品的制造过程。使用人体模型对详细的工位布局进行优化，确定工具摆放位置，物料盒的分布以及操作时间等，减少无附加值的操作时间，从而实现对工位布局的优化。

菜单中各选项内容及功能：

Human posturing：人体姿态；

Create Human：创建人机模型；

Create Hands：创建手部模型；

Human Options：人机选项；

Human Properties：人的属性；

Posture：各种姿态设置；

Task Simulation Builder：任务模拟生成器；

Vision Window：人视觉窗口；

Grasp Envelope：抓取范围；

Vision Envelope：视觉范围；

Ergonomics：人体工程学；

Motion Capture：虚拟现实外设。

8.1.2　人机模型的介绍与创建

（1）人机模型介绍

Jack 提供业界最准确的人体生物力学模型。基于 1988 年美国军方人体调查（ANSUR88）的三维人体测量技术，Jack 的人体模型如图 8-2 所示。

① 有 69 部分，68 节，17 段脊柱，16 段的手，加上肩/锁骨关节和 135 个自由度；

② 遵照来自 NASA 研究的共同限制；

③ 虚拟人体中移动身体的一部分时，软件使用实时逆运动学确定关联部分和关节的位置。

（2）人机模型的创建

选择命令 Human→Creat Human，创建一个工人模型，出现窗口如图 8-3 所示。

图 8-2　Human 模型

图 8-3 中各按钮及书写框含义：

Create by parameters：通过数据创建；

Gender：性别；

Appearance：外观；

Database：数据集；

Height：身高；

Weight：体重；

Walstto Hip Ratio：腰部与臀部比例；

Boots&Gloves：靴子和手套；

Load parameters from.flg file：负载参数.flg 文件。

（3）人机模型的修改

右键 Human→Edit Human Properties，出现窗口如图 8-4 所示。

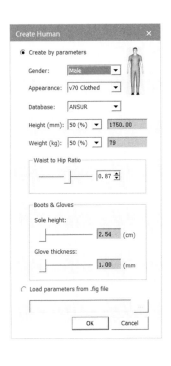

图 8-3　创建人体模型

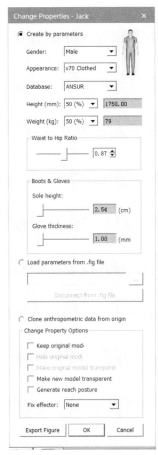

图 8-4　人机模型修改

（4）关节的调整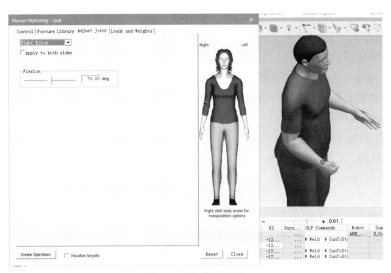

选择命令 Human→Human Posturing，出现窗口如图 8-5 所示。

图 8-5　关节的调整

8.1.3 定义工人动作

利用工人仿真常用菜单（或直接从 Human 中选取）进行工人行走抓取等操作。

🏠	默认姿势	✋	抓取向导
📷	保存当前姿态	🏃	到达目标
✋	自动抓取	👥	复制工人
🖼	创建姿态操作	🧍	工人上台阶动作
🖐	放置物件	🏃	创建行走

（1）创建行走动作

在 Graphic View 或 Object Tree 选择一个人机模型，然后选择 Walk Creator 命令 🏃，出现窗口如图 8-6 所示。

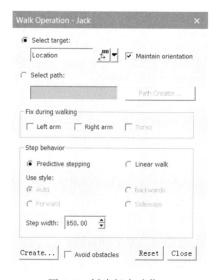
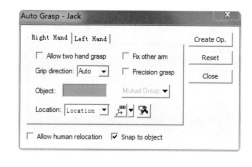

图 8-6　创建行走动作　　　　图 8-7　创建自动抓取动作

① 选择 Path Creator；

② 选择路径，点击 Add to Path 添加路径；

③ 编辑路径完成后，点击 OK；

④ 设置其他必要的选项；

⑤ 点击 Create Operation 创建操作组。

（2）创建自动抓取动作

在 Graphic View 或 Object Tree 选择一个人机模型，然后选择 Auto Grasp 命令 ✋，将出现如图 8-7 所示的窗口。

① 选择 Allow two hand grasp 定义两只手同时抓取；

② 选择 Fix other arm 在一只手执行抓取动作时，固定另外一只手；

③ 选择 Grip direction 定义抓取的方向；

④ 选择 Precision grasp 精确抓取，以便抓些小零件，如螺钉；

⑤ 在 Object 处选择需要抓取的零件；

⑥ 点击 Create Operation 创建操作组。

（3）定义手的抓取姿势

在 Graphic View 或 Object Tree 选择一个人机模型，然后选择 Grasp Wizard命令，将出现如图 8-8 所示的窗口。

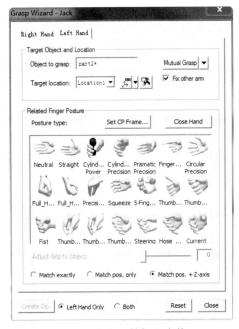

图 8-8　定义手的抓取姿势

图 8-9　定义放置物体事件

需要注意的是 Auto Grasp 自动抓取操作是先通过手部定位再自动计算出手部抓取姿势，若抓取姿态不够理想，可切换到 Grasp Wizard 在手部姿态库里选取手部姿势。

（4）定义放置物体事件

在 Graphic View 或 Object Tree 选择一个人机模型，然后选择 Human→Place Object 进行放置事件编辑，出现如图 8-9 所示窗口。

创建放置对象操作时 Release objects at end of operation 默认为勾选状态；若取消勾选，则放置对象与人的关联关系将一直存在，会影响人的下一步动作。

（5）定义放置物体事件（图 8-10）

① 在 Place Object 处选择将要放置的物体。

② 自动弹出 Placement Manipulator 窗口，调整放置物体的位置。

③ 点击 Add Location 添加位置，也可以进行一些其他必要的设置：

a. Fixed：当物体在范围内，人机位置不需要调整；

b. Followed Object：当物体超出范围时，自动调整人机位置；

c. Carry：物体被拿起、搬运；

d. Follow：推着物体走或人跟着物体移动（如油箱小车），使用 Follow 命令时，不需要单独创建一个行走操作。

④ 最后创建工作组。

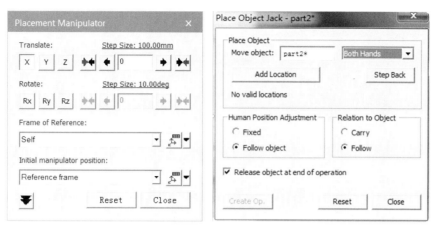

图 8-10　定义放置物体事件

8.2　Process Simulate Human 应用场景及仿真流程

8.2.1　Process Simulate Human 应用场景

Process Simulate Human 具有比较完备的人机仿真功能，可应用于产品研制的各个阶段，并可与 Teamcenter 系统集成，实现单一数据的管理。

西门子 Process Simulate Human 人机工程解决方案是经过大量客户验证的成熟商用应用软件，通过在产品研制不同阶段的应用，实现问题的早发现、早应对、早处理，从而提升产品的质量，缩短研发周期，减少生产成本。

其价值主要体现在以下方面：

① 在产品设计过程中，确保产品设计及使用符合人因工程设计标准；

② 在工厂设计过程中，通过优化设备和工位布局，提高效率和减少人体伤害；

③ 制造前发现人因交互问题，从而实现对手工工艺的优化，并提供可视化作业指导；

④ 对不同的工艺方案中人因交互性进行研究，实现工艺方案快速决策；

⑤ 对产品的维护过程进行模拟，提升产品的可维护性。

（1）产品设计阶段

在产品设计阶段，可将产品设计模型加载到虚拟环境中，对产品的使用过程进行模拟，如针对车辆设计，可进行驾驶舱及乘员的可视、可达分析，人体姿态分析等，如图 8-11 所示；对于机车等扶手的设计，通过人体对扶手的高度、对应的人体姿态进行模拟，从而实现对产品设计的验证，确保其可用性、易用性。

（2）工厂详细设计阶段

工厂详细设计阶段，通过虚拟人体的操作过程及可视、可达、姿态分析、操作时间分析等，对工位的布局、物料存放位置、辅助提升设备等进行模拟和优化，如图 8-12 所示，减少人员的移动距离，从而提升生产效率，并减少对人体的伤害。

图 8-11　人机模型

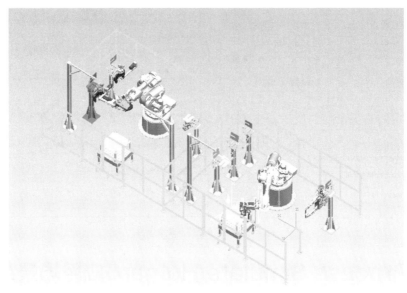

图 8-12　工厂三维图

（3）装配工艺详细设计阶段（图 8-13）

通过建立虚拟的生产环境，对产品装配过程、工装使用、人机交互进行分析，对操作姿态及可视、可达、受力等进行分析，从而验证装配工艺的可行性，必要时可通过增加设备或工装提升现场的可操作性，实现对工艺过程的优化。

（4）维修过程设计阶段

对维修过程进行分析，确认在易损、易耗件更换、维修过程中，人体的操作空间、姿态等，提高产品的可维护性，如图 8-14 所示。

图 8-13　装配过程图

图 8-14　维修阶段

使用 Process Simulate 软件，可使用具有正确生物力学、人体测量学、人机工效学特征的人体在虚拟环境中进行验证，其虚拟人体 Jack 的外貌及行为与真实的人体类似，其可以模拟平衡、行走以及举升等操作，可以依据任务进行判断是否超出人体生理及力学限制，在此模块中，可以基于人体测量学数据库创建男性或女性人体，虚拟人体和现实人体具备相同的关节限制（运动范围）。

使用 Process Simulate 的 Human 模块可以进行几种不同的业务场景分析，包含几个基本步骤：创建仿真场景，添加人体模型，设置人体姿态。以下示例几种仿真过程。

（1）装配和维护可达性分析

在此种情况，需要检查装配或维护工序是否可行，在操作中所使用工具能否对零件实现操作；需要对很多场景进行快速的验证，对于某些场景或许人机交互性不好，但很少遇到，因此需要对各种场景进行分类评估，其基本过程如图 8-15 所示。

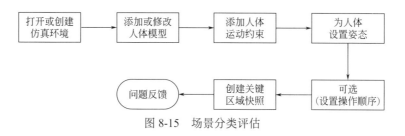

图 8-15　场景分类评估

（2）工位设计及工效学分析

在此种情况，需要在工位设计过程中对人体操作的合理性进行分析，如分析在某个有问题的区域如何减少对人体的伤害，对操作过程中的无附加值时间（如物料搬运时间）进行优化，对人体的姿态进行评估等，其基本过程如图 8-16 所示。

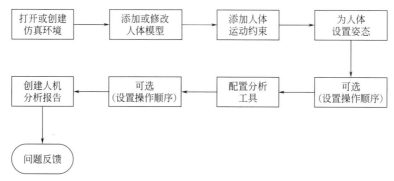

图 8-16　工位设计及工效学分析

（3）操作过程展示及培训

依据上述的分析过程，对操作过程进行优化，最终输出视频以进行员工培训或现场的操作指导，其基本过程如图 8-17 所示。

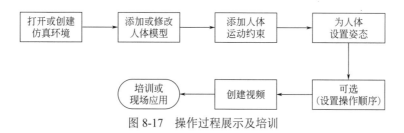

图 8-17　操作过程展示及培训

8.2.2　Process Simulate Human 分析应用模式

Process Simulate Human 软件依据现有的 IT 系统，可使用两种运行模式。

（1）与 PLM 系统集成模式

Process Simulate 软件提供与 Teamcenter 的无缝集成接口，在 Teamcenter 的 Manufacturing Process Planner（MPP）中进行结构化工艺的编制、工艺资源、消耗件的指派，而后就可以通过集成接口直接将工艺发送到 Process Simulate 中进行工艺仿真、人机工效仿真分析，最终的仿真数据集及结果文件反馈回 Teamcenter 中进行管理，并与工艺结构相关联，也可通过 Teamcenter 的流程将仿真结果反馈给设计部门进行设计变更，从而形成产品设计、工艺设计、工艺仿真、人机仿真的闭环管理。

此种方式适用于需要对所规划的装配工艺进行验证的场景下，既进行工艺规划设计和管理，又要对其现场可行性进行验证。

（2）独立运行模式

Process Simulate 软件也可运行于独立模式，此时其数据来源于手工的数据导入，操作者手工进行产品数据、工艺资源数据的导入和定位，在软件中按需求创建人体模型，进行任务指派和仿真，最终获取仿真结果，所有的仿真数据在本地文件夹中保存。

此种模式适用于仅关心仿真结果和仿真报告，而无须进行工艺设计的场景，特别有利于产品设计早期进行可行性评估，如图 8-18 所示。

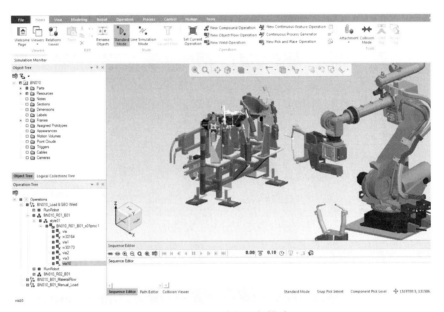

图 8-18　独立运行模式

8.3　基础分析功能

在西门子 PLM 的产品线中，有多款软件产品中包含人机分析的功能以满足不同的分析场景，其中 Process Simulate Human 主要应用于装配及人机操作过程、详细工位布局优化的分析。

本节主要针对 Process Simulate Human 的仿真过程及软件功能进行描述，详细介绍其人机建模以及初步分析功能。

8.3.1　仿真场景构建

基于软件运行的模式，仿真场景可通过与 Teamcenter 集成方式或独立运行方式进行构建，在基于 Teamcenter 集成模式时，从 Teamcenter 中将工艺结构、产品模型、工艺资源模型、人体模型等一键加载到 Process Simulate 中，在此过程中，系统自动调用相关的转换工具，并按照工艺结构中对象的属性设置所导入数据的类型，如零件、资源等，实现对数据的分类管理，而后进行工艺仿真和人体仿真。

独立模式时，人工导入各类产品、工艺资源模型并设置分类（产品零件、工艺资源、工装、机器人等），在系统中进行模型的重定位，构建仿真环境，如图 8-19 所示。

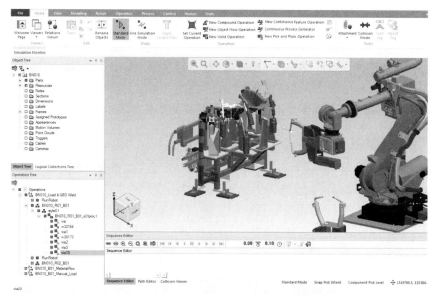

图 8-19　构建仿真环境

在导入数据模型时，如果是非 JT 格式数据，系统将调用所对应的接口模块（需要专门的许可）进行数据的转换，针对*.Prt 和*.asm 格式（Cero 格式），其转换方法类似，如图 8-20 所示。

对于在仿真过程中的一些简单模型，也可以在系统中直接进行创建，系统提供简单的建模功能，包括一些基本体素特征的创建，如方体、圆柱体、圆锥体、球体、圆环体等，并可针对所创建的基本特征进行求和、求差以及相交的布尔运算，也可进行缩放、拉伸、旋转、扫掠等操作，实现简单模型的构建。

模型导入仿真环境后，需要借助于系统的模型移动操作功能实现对模型的重定位，系统主要提供放置操控器、重定位以及恢复对象初始位置功能等重定位功能，如图 8-21 所示。

图 8-20　数据模型的导入

图 8-21　借助系统对模型重定位

8.3.2　人体建模

Process Simulate Human 提供业界最准确的人体生物力学模型，其有 71 个部分，69 个关节和 135 个自由度。系统内置多种人体建模的统计数据库，如日本人体数据库、韩国人体数据库，特别支持按照中国人体统计数据进行操作者人体建模。

在进行人体建模时，可设定人体性别、数据库名称、高度或百分比、重量或百分比、鞋底厚度、年龄等创建基于人体测量数据的标准人体，也可通过测量某个人的具体测量数据进行精确人体的创建，在此过程中可修改人体的各个部位的颜色属性，后期也可对人体模型的基本参数进行修改，同一场景中可创建多个人体模型，使用不同的名称表示，如图 8-22 所示。

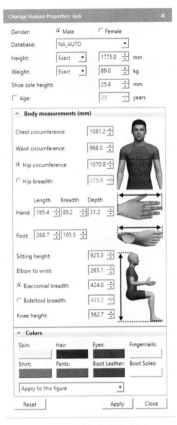

图 8-22　人体建模数据库　　　　　　图 8-23　人体活动关节定义栏

所创建的人体模型自带生物属性，如各关节的活动范围等，由于使用场景的问题，如人体穿着某种外设，会导致关节活动范围受限，在此过程中也可对人体的关节活动范围进行自定义，如图 8-23 所示。

在仿真过程中所创建的特殊人体模型，可通过导出人体模型命令进行保存，并在后期其他项目中进行重用，人体模型创建完成后，可对人体模型的不同显示模式（着色、透明、线框）进行修改，如图 8-24 所示。

如果在仿真时专注于手部的动作，而非人体的全身操作，则可以仅建立人的手部模型用于仿真，如图 8-25 所示。

图 8-24　特殊人体模型创建　　　　　　　　　图 8-25　手部模型建模

8.3.3　人体姿态设置

在仿真过程中，可根据仿真要求对人体姿态进行定义，通过调整每个关节的参数，实现对人体姿态的定义。通过界面可调整人体不同的姿势模式，并设置锁定某些关节不参与关节调整时的适应性计算。在此过程中可以设置脚部的限制区域，手部的支撑区域以及大腿的靠停位置等，从而实现对人体姿态的约束，进而实现更精准的人体姿态设置，如图 8-26 所示。

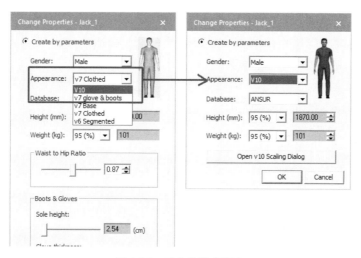

图 8-26　对人体姿态定义

为了更快速实现人体姿态的设置，系统提供了人体姿态库，在人体姿态建模时可以系统内置姿态为基础，然后进行调整，以提高姿态定义的效率，如图 8-27 所示。

也可以将设置好的某种姿态保存起来便于下次进行重用，系统默认保存目录一般为"可以将设置好的某种姿态保存起来便于下次进行重用"。也可通过图 8-28 中界面进行设置。

系统中进行姿态定义的过程如下，选中某个人体进行姿态定义，然后在界面中选择某个关节，调整其参数，三维人体模型即可根据设置的参数进行同步更新，所设置的参数不可超出当前设置的关节极限值。在选择关节时，可从下拉列表中进行选择，也可在界面右侧的人体图形上进行选取，如图 8-29 所示。

在设置完一个人体的姿态后，为了提高姿态设置的效率，可通过人体复制的功能，实现不同人体间姿态的复制，如图 8-30 所示。

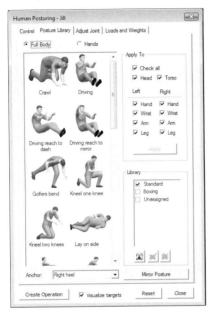

图 8-27　人体姿态库

图 8-28　系统默认保存目录

图 8-29　操作范围

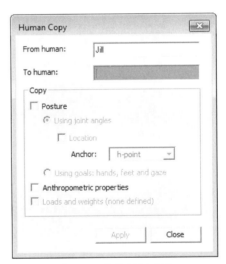

图 8-30　人体复制功能

8.3.4　人机任务仿真

在人机任务仿真方面，系统提供两种人机任务的创建模式：一种是通过单个命令的方式由操作者自行将人体动作分解，并逐一建模的方式；另一种是系统内部对人体操作命令进行整合，以任务构建器的方式进行快速的人体操作过程建模。两种模式相比来说，通过任务构建器的方式更加便捷，而且所有的动作设置过程已经实现参数化，操作者只需要为当前的人体模型指派目标，即可实现人机任务的构建，在此主要介绍任务构建器的人体任务仿真模式。

在单命令模式下，系统提供抓取向导、自动抓取、创建姿势操作，行走、放置、走台阶等基本命令，由操作者依据这些基本功能构建仿真过程。

任务构建器（TSB）模式下，整合上述的基本功能，在如图 8-31 所示的界面中进行人体任务建模。

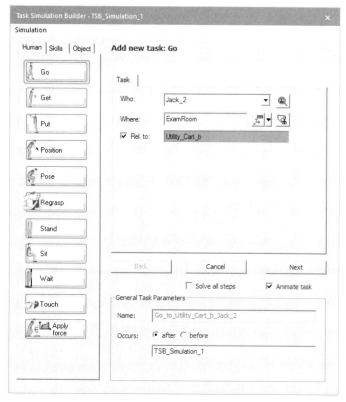

图 8-31　任务仿真构建器

在任务构建器中为人体提供走动、拿取、放置、安置、姿态、重新抓取、站立、坐下、等待、触碰、施力等功能，并对人体提供使用设备的技能，对其他对象的操作提供移动、等待、附加、拆离等功能。

针对人体的每一个动作，其设置标准的参数，通过屏幕点选或输入即可进行解算，相当于给出人体运动的关键帧，由系统自动根据关键帧进行过度帧计算，从而实现仿真动作的连贯表达。在系统计算的过程中，如果出现超出人体的生理范围的操作，系统会报错，如图 8-32 所示。

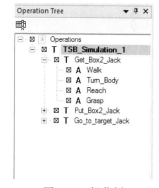

图 8-32　操作树

Task Simulation Builder 支持快速、自动的模拟创作，同时提供用户对最终结果的详细程度的控制，如图 8-33 所示。

链接一个视频后，任务仿真构建器显示它在序列编辑器作为一个单一的任务。用户可以将它分成多个任务。然后用户可以在这些任务之间插入其他任务，以更好地表示工作流程。例如，用户可以在 Task Simulation Builder 中运行新任务，当人工模型到达一个时刻表时停止它，将其拆分为两个单独的任务，然后在两个任务之间插入 Get、Regrasp、Put 或 Apply Force 任务。也可以通过在先前拆分产生的任何任务上重复拆分过程来拆分这些任务，如图 8-34 所示。

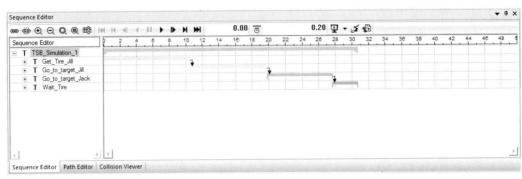

图 8-33　序列编辑器

图 8-34　任务分割器

仿真构建器设置完成后，即可进行人体任务仿真，如果在此过程中需要更改执行任务的人体或人体操作的对象，无须重新进行设置，使用系统的内置功能，即可实现快速的人体更换或操作对象更新。在仿真过程中如果有问题，仅需一些修改即可完成仿真工作，从而减少工作量。

8.3.5　可视、可达分析

在人体任务仿真过程中，可随时打开查看人体的可达性分析。通过设定人体的姿态，可以模拟人体在不同的工作姿态时的可达性及范围，从而确定装配工艺的可行性及工装、工具的排布空间，如图 8-35 所示。

可达性分析功能通过抓取包络功能实现，在进行可达性分析前，首先进行人体的姿态设置，而后进行人体包络设置，即设置参与人体包络计算的关节，所需追踪的部位等，而后即可进行人体包络空间计算，在三维视图中以不同的颜色设置左右手的包络空间，如图 8-36 所示。

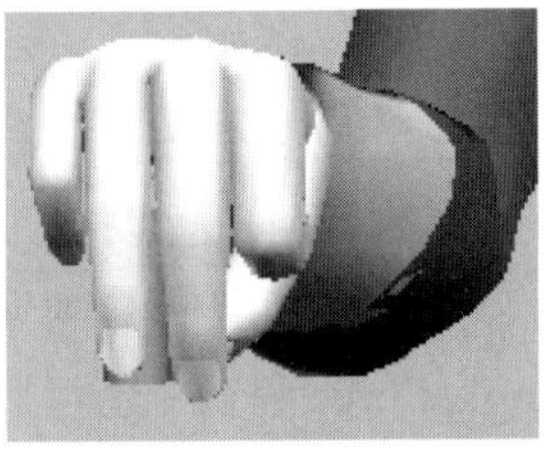

图 8-35　人体仿真界面

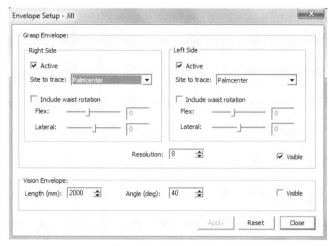

图 8-36 人体包络设置

人体的可视性分析，根据设定人体可视性分析的参数，如左眼、右眼或两眼之间、头部正前等，可以分析人体的视野，包括视锥的设置，从而获取人体的视野范围，如图 8-37 所示。

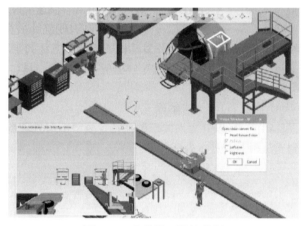

图 8-37 人体的可视性分析

在可视、可达分析中，通过设置干涉判断条件和添加测量，即可在仿真过程中实现对虚拟人体肢体的干涉检查分析和产品与虚拟人之间的间隙检查，如图 8-38 所示。

图 8-38 视锥距离检测

通过 Process Simulate Human 的基础分析功能，实现对于人体操作过程的模拟，并对人体姿态进行预测，达到对设计数据、工艺过程、工位布局优化的目标。

8.4 高级分析功能

在西门子 PLM 的产品线中，有多款软件产品中包含人机分析的功能以满足不同的分析场景，其中 Process Simulate Human 主要应用于装配及人机操作过程、详细工位布局优化的分析。

本节将简要介绍 Process Simulate Human 人机工程评估标准及 VR 功能，最终依据分析结果进行人机工程分析报告的输出。

8.4.1 人机工效评估

系统提供一系列的人机工效评估分析工具，包括力求解器，EAWS（生物力学负荷超载危害风险评估），能耗分析，手臂力量评估以及一系列用于评估姿态或操作过程的分析工具，这

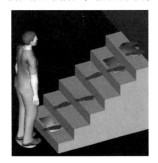

图 8-39 创建高度过渡

些工具包括 NOISH（提升分析）、OWAS（姿态分析）、Fatigue（疲荷分析）、SSP（静态力学预测分析）、LBA（下背部受力分析）、CBL（累积背部载荷）、Ergonomics Metrics（人机工学指标）、Generic（通用）和 RULA（快速上肢评估）等。

系统提供二次开发功能，在有明确评估算法的前提下，客户可通过系统的二次开发功能实现评估方法的定制化，如图 8-39 所示。

以下简要介绍各分析工具的功能，具体参数可参考软件帮助文件。

（1）力求解器

使用力求解器（图 8-40），可以分析人体模型在特定姿势下可处理的最大载荷。指定姿势和所有输入参数，直到无法再对其进行处理。

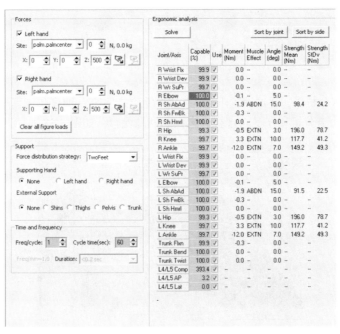

图 8-40 力求解器

① 人体最大载荷分析　Force Solver 选项使用户能够分析人体模型在特定姿势下可处理的最大负载。用户可以指定姿势和所有输入参数。分析会增加负载，直到无法再进行管理。

此外，用户还可以指定降低重复强度的分析因素。强度分析所用的数据是基于密歇根大学最大自主运动强度模型（MVCs）。对于需要反复用力的任务，可以观察到最大强度能力的降低。在力求解器中实现的最大强度修正因子被开发来解释这种减少。修正方法的细节可以在 Potvin J.R.（2007）中找到。修正强度数据以估计用于重复任务的最大可接受力。

② 执行力求解器分析　在图形查看器或对象树中选择应该在其上执行分析的人工模型，具体步骤如下：

a. 选择"人体"页签→人机工程学组→力求解器 🧍?，弹出"Force Solver"对话框；

b. 在"力量"部分，选择将被握住的手；

c. 选择负载所在的点；

d. 配置大小和方向的负载为每一只手；

e. 在"支援"部分，从"部队分配策略"下拉列表中，选择人体将支持负载的姿势；

f. 选择一只支撑手和任何外部支撑；

g. 在"时间频率"中设置时间和频率参数，这些参数仅在"力解算器分析选项"中选择了"使用频率/持续时间补偿"选项时使用；

h. 选择时间段；

i. 选择参与分析的关节。

当下列情况之一发生时，分析运行并结束：

a. 所选关节低于能力阈值；

b. 将负载增加 1N 将导致通过能力阈值，当关节的能力略高于阈值时，就会发生这种情况；

c. 通过"选项"对话框中定义的任何低回阈值；

d. 应用的负载达到"选项"对话框中定义的最大负载。

结果显示在人机工程学分析部分，可以通过双击任何列标题或单击"按关节排序"或"按边排序"按钮对结果进行排序。

③ 配置力求解器分析选项

a. 点击"选项"，系统弹出"选项"对话框；

b. 为分析选择 Angle；

c. 选择百分比阈值；

d. 选择"使用频率/持续时间补偿"复选框来补偿频率和持续时间；

e. 配置下回阈值；

f. 指定力求解器将使用的数值范围；

g. 点击"Apply"选项。

（2）EAWS（生物力学负荷超载危险风险评估）

EAWS（European Assembly Work Sheet，欧洲装配工作表）是人体工程学一级系统，用于评估生物力学过载对操作者的风险。EAWS 分析多个工效学变量，并为所关注的每个工作周期评分。周期由任意数量的任务组成。

建议只有熟悉 EAWS 标准的用户才能使用此应用程序。要使用 EAWS，需要获得德国 MTM 协会的许可证（单独获取）。

（3）Energy Expenditure（能耗分析）

代谢能消耗工具预测由多个任务组成的工作周期的代谢能消耗需求，手部负载设置如

图 8-41 所示。其预测基于工人特征和组成待分析周期的任务描述，用户可以：

① 确定新定义的或现有的周期是否符合 NIOSH 或用户特定的代谢能量消耗指南，或使工人暴露在疲劳和受伤风险增加的环境中。

② 确定一个循环中的任务（及其变量），这些任务代表了减少一个循环的总体能源消耗需求的最佳机会。

③ 预测工人是否能够满足一个周期的代谢能量消耗要求。

④ 通过确定对能源消耗影响最大的任务来指导循环设计，并预测任务特征的变化如何影响循环的总体能源消耗要求。

⑤ 比较替代循环设计的代谢能需求。

图 8-41　设置手部负载

（4）NIOSH（提升分析）

NIOSH 分析用于分析人工提升动作，其是造成操作者腰痛和残疾的主要原因之一。NIOSH 分析主要评估双手提升任务中工人在提升开始和提升结束时的姿势。在 NIOSH 分析中，除了工人在提升之间可能移动的两小步外，不考虑步行。

使用疲劳和恢复分析工具，可以完成以下操作：

① 以最小的工人疲劳风险设计手工任务；

② 实时模拟分析工人疲劳情况；

③ 在计划人工任务和新设施的设备需求时，评估替代工作方法；

④ 确定一个周期中需要最多恢复时间的任务。

疲劳和恢复分析工具利用从人群静态强度模型中获得的肌肉群扭矩数据，计算出包括一个周期的每个任务所需的恢复时间，需要：

① 将选定的人体模型设置为任务中最吃力的姿势，或者运行实时模拟 Jack 执行任务的全部或部分；

② 指定人体模型手上的负荷；

③ 指定每个单独任务的持续时间和总周期时间。

对于一个周期内的每项任务，疲劳和恢复分析工具会识别出最疲劳的肌肉群，以及普通工人从疲劳中恢复所需的时间。将每个任务的恢复时间加在一起，得到该周期的总恢复时间。这个时间与可用的休息时间进行比较，由总周期时间减去总任务持续时间决定。通过比较，得出以下结论之一：

① 如果可用的休息时间超过所需的恢复时间，则假定该工作提供足够的恢复时间以避免疲劳，建议用户进行进一步的代谢研究以支持该分析；

② 如果所需的恢复时间超过可用的休息时间，则假定该周期将工人暴露在疲劳的风险中，建议用户修改循环减重、任务频率或全身运动的参数。

疲劳和恢复分析工具的结果可以用于：

① 确定一个周期中的任务，该周期允许工人恢复时间不足；

② 运行 what-i 中场景，通过修改任务变量来评估它们对整体恢复时间的影响，从而降低疲劳风险；

③ 通过比较回收时间来评估循环设计方案。

在使用疲劳和恢复分析工具时，应该考虑以下限制：

① 虽然影响耐力时间与肌肉疲劳关系的因素很多（肌纤维类型、血流量、最大力量、肌肉长度、肌肉温度、解剖结构、解剖环境、乳酸浓度、性别），但该工具在计算耐力时只直接考虑了肌肉应力的影响。

② 疲劳数据所基于的原始研究是在实验室条件下进行的，受试者人数很少。此外，实验条件可能并不总是准确地代表典型的工作条件。因此，虽然该工具提供了一个周期中最疲劳的方面的指示，并传达了对工人所承受的总体压力的粗略估计，但结果应仅作为降低工人疲劳风险的综合努力的一部分。其他适用的工具有代谢能量消耗、静态强度评估和低背脊骨力分析工具。

图 8-42 所示的疲劳报告示例显示，左手腕需要更多的恢复时间来防止疲劳。

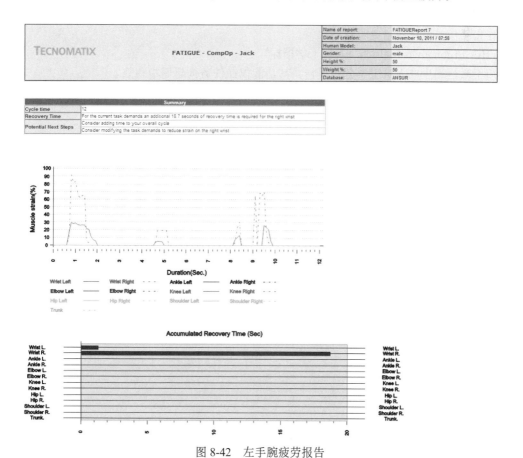

图 8-42　左手腕疲劳报告

（5）OWAS（姿态分析）

OWAS 分析能够根据预定义的关节值分析操作。Owako 工作姿势分析（OWAS）是一种定量方法，用于分析工作过程中的标准身体姿势，并确定任意给定姿势是否合理和舒适。

施加在工人身体上的静态力主要影响肌肉系统，导致局部拉伤。影响工人姿势的工作过程的定性和定量记录可作为评估身体劳损的基础。

（6）Fatigue（疲劳分析）

疲劳和恢复分析工具用于评估给定工作周期是否有足够的恢复时间来避免工人疲劳。基于Rohmert 和 Laurig 发表的强度和疲劳研究，该工具计算循环所需的恢复时间，并将其与可用的休息时间进行比较。如果在一个工作周期中没有足够的休息时间来适应恢复时间，则假定工人有疲劳的风险。

（7）SSP（静态力学预测分析）

通过静态力学预测分析，可以根据姿势、体力消耗要求和人体测量学数据来评估有能力执行任务的工人群体。

（8）LBA（下背部受力分析）

下背部受力分析用于评估在任何姿势和负载条件下作用于人体下背部的脊柱力。

（9）CBL（累积背部载荷分析）

CBL 用于分析在整个工作轮班中执行的任务需求的影响。Process Simulate 将使用此工具计算的结果与公布的阈值限值进行比较，以便对受伤的可能性进行分类。累积背载荷分析为任务序列的全面工效学评估提供了额外的工具。通过考虑负载暴露对轮班的长期影响，用户可以对工作和工作站设计做出更明智的决策。

（10）Ergonomics Metrics（人机工学指标）

用于激活和生成人机工学分析报告，其功能仅在任务构建器中有效。

（11）Generic（通用）

允许最多生成四个自定义人机工学报告。

（12）RULA（快速上肢评估）

RULA 工具用于评估是否需要进行干预以降低体力负荷导致的受伤风险。

（13）手臂力量评估

用于通过增加负载来分析手动提升活动，直到人体模型不再具有维持负载的程度，如图8-43 所示。

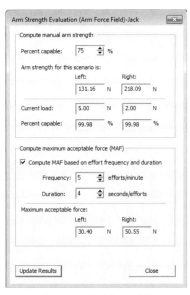

图 8-43　手臂力量评估

8.4.2　虚拟现实支持

Process Simulate 支持使用运动捕捉设备（如运动跟踪器和手套）在场景中驱动人体，通过在现实当中的人体上附加相应的标记，当人体在运动过程中，标记位置会随着时间的推移和运动而被跟踪，而后跟踪结果映射到虚拟环境中的人体，从而驱动虚拟人体进行精确运动，运动过程及运动的姿态可通过系统的工具进行分析。

系统支持光学跟踪系统和惯性跟踪系统。如果在分析过程中关心手部的具体动作，则可使用数据手套实现对人体手部详细动作的跟踪和分析。

Process Simulate 提供标准接口与主流的虚拟现实设备连接，另外也可通过 Process Simulate API 函数实现对其他运动捕捉系统的支持。

```
Motion Analysis from Motion Analysis Corporation
Vicon Motion from Oxford Metrics Group
CyberGlove from Immersion Corporation
Noitom
ART
Synertial
XSens
MotionWerx
AXS
```

在使用运动捕捉系统驱动虚拟人体时，需要设定相关的跟踪点，其表示实际对象的关节中心点，如图 8-44 所示。

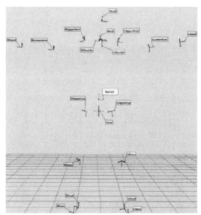

图 8-44　使用运动捕捉系统驱动虚拟人体

系统提供相关的接口及界面实现与虚拟现实设备的连接，如图 8-45 所示。

Process Simulate 也提供与低成本跟踪系统（Kinect 运动传感器）的连接，其通过 USB 端口连接到计算机，通常安装在显示器的顶部。Kinect 使用两个摄像头，一个深度摄像头和一个彩色摄像头来跟踪运动，确定对象的位置和姿势，并将信息适配到骨架显示。之后，Kinect 将信息传递给 Process Simulate。Kinect 还支持语音识别，这有助于单独使用系统，因为当用户发出口头命令控制软件时，摄像机可以跟踪用户（用户是被跟踪的人类对象）。

Kinect 使用以下模式运行：姿势-系统跟踪人体主体的姿势，并将相同的姿势应用于实时模拟人体模型的过程；重新定位系统读取跟踪的人体对象的手臂姿势，并使用它们控制人体模型的飞行方向、速度和高度。

Kinect 系统（图 8-46）的结果精度不高，但通常足以快速创建人工操作，而无需访问与创建这些操作相关的所有 Process Simulate 命令。

图 8-45　系统内接口及界面

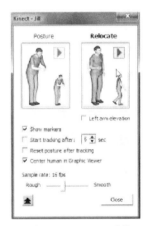

图 8-46　Kinect 系统

8.4.3　人机工效分析输出

在仿真过程中会依据人机工效分析工具中的设置生成人机工效的分析报告,部分分析结果会在三维图形界面中显示，如图 8-47 所示。

图 8-47　部分分析结果

人机工效的分析报告采用 Html 形式进行展示，包括不同的分析页面，如图 8-48 所示。

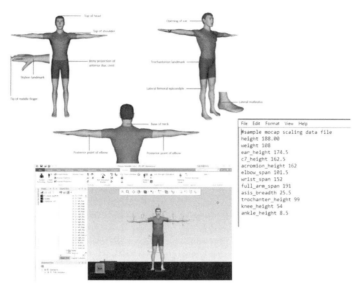

图 8-48　人机工效分析报告

使用 Process Simulate Human 的高级分析功能，对人体操作过程中的生物特性进行详细分析，减少对人体的伤害，结合虚拟现实功能，加速人体建模及分析过程，并实现对操作者的培训，缩短生产准备时间。

本章总结

随着计算机技术和网络技术的不断发展，基于人机工程学的虚拟设计和测试评价已经成为可能，这不仅可以提质、增效、降成本，而且可以增强企业的竞争能力。利用 Process Simulate 软件搭建数字化仿真平台，借助 Human 模块在产品设计阶段完成对人的一系列操作仿真分析，并根据分析结果直接影响产品设计、工程设计及工艺规划结果，提前识别问题并及时解决，优化人工操作姿态，使现场人工操作完全符合人机工程学要求。

人机工程仿真的主要价值在于可优化工人作业空间、环境及过程，可对工人进行可视化操作培训，从人机工效的角度，解决产品设计的合理性、工艺可行性等问题，提高生产效率，减小劳动强度，保护工人的人身安全和健康。因此，人因模拟要求贯穿整个产品生命周期。

人机工程仿真在产品制造阶段可以最大限度地确保工人人身安全，降低医疗成本，提高产品/工艺设计早期验证，及早发现装配布局问题，最大限度地减少延迟/停机时间，从而提高生产效率，缩短产品生产周期。

人机工程仿真面向虚拟人作业姿态预测与评估的多目标优化模型。通过分析人体作业姿态对平衡性、关节负荷、关节角度和作业目标可达性等人机因素的影响机理，构建起虚拟人作业姿态参数与这些人机因素指标之间的函数关系。在此基础之上，也可借鉴多目标博弈理论思想，面向虚拟人作业姿态预测的姿态优化模型。

参考文献

[1] 杨爱萍, 王泽杰, 史丽晨. 基于感性工学与人机工效仿真的单车停放设施设计[J]. 机械设计, 2021, 38（09）: 139-144.

[2] 马智, 薛红军, 苏润娥. 基于 Jack 的人体建模与人机工效分析[J]. 航空计算技术, 2008（01）: 97-100.

[3] 刘社明. 面向虚拟装配作业仿真的实时人机工效分析[J]. 内燃机与配件, 2017（14）: 5-6.

第9章

人机交互仿真

9.1 人体操作对象设置

Process Simulate 使用 Jack 模型模拟人类活动，人性化功能使工艺工程师能够设计、分析和优化工作场所，工艺工程师可以在虚拟环境中为人类定义任务序列，然后分析人体工程学和时序要求。

首先创建人物模型。在 Human 菜单栏下点击 Create Human 命令，随即弹出参数窗口，该窗口的各项内容是设置人体的性别、身高、体重、肤色等参数，设定需要的参数，点击 OK，人物即出现在 3D 环境查看窗口 Graphic Viewer 中。

与此同时，人物的对象名称 Jack 也出现在 Object Tree 的 Resources 栏目下。使用者可以对它进行显示、隐藏、移动等操作，利用放置操控器将人体放置在待搬取工件的附近位置，如图 9-1 所示，则创建人物完成。

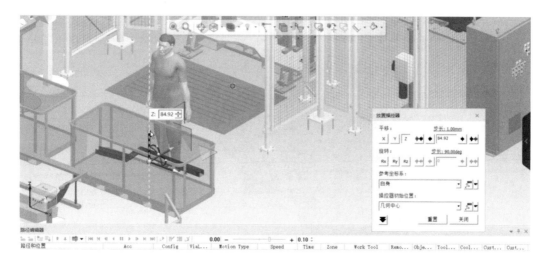

图 9-1　人物创建图

9.2　人工上下件操作

　　创建人物拿取和放置的仿真动作，Jack 将一工件拿起并走到目标位置，将工件放入夹具中，则完成上下件操作。

　　打开任务仿真构建器，创建拿取物件的仿真动作，点击拿取，右侧窗口随即更新，通过待抓取坐标点设置左手及右手抓取点；接着设置拾取对象及自动求解抓取，选中待搬取物作为对象，点击下一步，则人物会自动走到物件旁边，如图 9-2 所示；接着再点击下一步，人物出现拿取物件的动作，可以对人体的拿取姿势进行调整与修改，编辑最终姿势或者在最终姿势前插入经由姿势，同时开启动画演示任务，如图 9-3 所示；接着点击完成，人物拿取物件的动作即完成并生成在 Operation Tree 中。

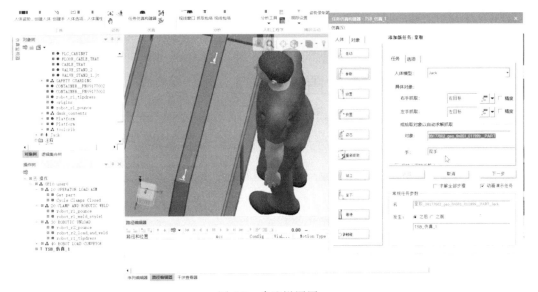

图 9-2　拿取设置图

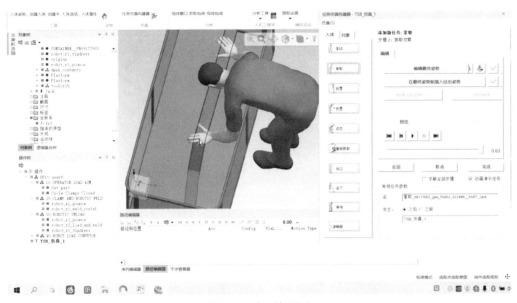

图 9-3　动画演示图

创建工件放置动作。先将工件手动放置在夹具位置，通过 6 点创建坐标系来创建放置时的人体双手坐标，如图 9-4 所示；创建放置物件的仿真动作，点击放置，通过放置操控器调整工件放置位置，如图 9-5 所示；弹出 Placement Manipulator 移动命令，移动拿取的物件 PartPrototype 到需要的位置，点击 Placement Manipulator 窗口的 Close 按钮即确认物件放置的位置；点击下一步，将生成人物行走到放置点的动作路径；再点击下一步，生成人物放置动作；点击完成，完成人物动作并将生成在 Operation Tree 中。

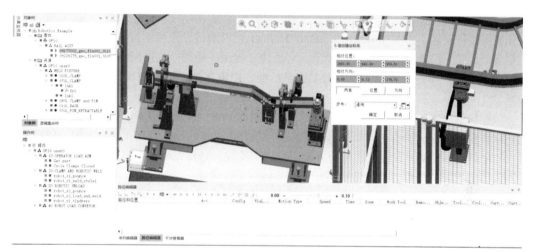

图 9-4　手动放置工件图

图 9-5　工件放置设置图

结合所做的走动、拿取、放置动作，即可实现一套人物行走并拿取和放置物件的过程。关闭 Task Simulation Builder 窗口，将 Operation Tree 中生成的人物仿真操作 TSB_Simulation_1 添加进 Sequence Editor 时序编辑器中，按下小时钟，并运行仿真，可以看到走动、拿取、放置动作整体的效果。

9.3　人机工程学分析模块介绍

Process Simulate Human 可帮助工艺工程师提高产品设计的人机工程学，并优化工业任务。Human 及其可选工具包提供了以人为中心的设计工具，用于对虚拟产品和虚拟工作环境进行人机工程学分析，可以利用虚拟人物改善工作场所的安全状况、提高工作效率，并增加工作环境舒适度。用户可以通过惟妙惟肖的模型分析以人为中心的操作，并根据不同人群的特点对模型进行缩放。

设计产品时将改进人机工程学纳入考量，对操作过程中人为因素进行评估，确保规划出的工作场所更加安全。并且 Process Simulate Human 可以测试设计和运营上的一系列人为因素，包括受伤风险、时间安排、用户舒适度、可达性、视距、能耗、疲劳限制以及其他重要参数。这可以帮助用户在规划阶段达到人机工程学标准，避免在生产过程中出现人力绩效和可行性问题。

该模块的技术特点有：人体视野分析；动作时间分析；系统提供多种人体建模标准；快速的人体可触及范围分析；在仿真环境下，系统自动分析人体包络的空间，分析人体可以触及的范围；在仿真环境下，系统自动分析人双眼包络的空间，分析人可以看见的范围。系统提供多种的人体工程评估标准，系统支持包括：OWAS（工作姿态分析）、Burandt-Scheultets（抓取力分析）、NIOSH81/91（疲劳评估标准）、多样化的身体和手部姿态库（Posture Libraries），简化工作及提高效率。

该模块可优化人工作业空间、环境及过程，并可对工人进行可视化操作培训，在产品设计过程中，分析、优化因人的身高与体重等因素造成的操作使用问题。从人机工效的角度，解决产品设计的合理性、工艺可行性等问题，提高生产效率，减小劳动强度，保护工人的人身安全和健康。

9.3.1　视觉窗口

Process Simulate 提供了 Human 可视化分析工具栏，其中包括视觉窗口、可达性分析、可视化分析以及范围设置，如图 9-6 所示。

"视觉窗口"选项使用户能够通过人体模型的眼睛查看工作单元中的对象。眼关节可以独立操作，从而产生三种可能的视角：中眼，左眼和右眼。要准确查看人体模型看到的内容，可选择"人"选项卡→"分析"组→"视觉窗口"，将显示"视觉窗口"对话框，如图 9-7 所示。

图 9-6　可视化工具栏图

图 9-7　视觉窗口图（一）

使用可用复选框选择透视，然后单击确定，将显示"视觉窗口"对话框，如图 9-8 所示。当人工模型执行操作时，视觉窗口中的视图也会相应地更改；在"运动约束"中选择"轨迹目标"后，所选目标在"视觉"窗口中始终可见。

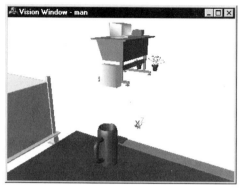

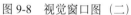

图 9-8　视觉窗口图（二）

图 9-9　抓取包络图

选择"人体"选项卡→"分析"组→"抓取包络" ，以显示人体模型可以在图形查看器中执行抓取和到达操作的最大范围，如图 9-9 所示。

选择"人"选项卡→"分析"组→"视觉包络" ，以在图形查看器中显示人体模型视野的表示形式，如图 9-10 所示。切换按钮以隐藏这些选项，"包络设置"选项使用户能够定义如何以图形方式显示视觉并掌握人体模型的范围，此操作通常执行一次，通过定义视觉和抓取包络来执行。这些包络可以根据需要在图形查看器中打开和关闭，每个模型可以有不同的包络定义。

选择 Envelope Setup 命令，在图形查看器中选择一个人体模型，选择"人工"选项卡→"分析组"→"Envelope Setup"，出现图 9-11 所示窗口，进行设置。

在"抓取包络"区域中，设置以下参数：为用户要参与抓取包络计算的手设置活动，并为要省略的手清除此参数；从常用地点的"要追踪的站点"列表中选择一个地点，以指定模型上的确切位置，以用作抓取包络的起点（例如掌心），站点位置显示在图形查看器内的框架中；选择"包括腰部旋转"并设置"挠曲"和"横向"滑块以指定腰部旋转对参数的影响。

图 9-10　视觉包络图

在"分辨率"字段中，输入一个介于 1～16 的数字以指定参数的分辨率，包络分辨率越高，包络越平滑。在"视觉包络"区域中，配置以下选项：长度，确定视觉包络的长度（以毫米为单位）；角度，确定可见性角度（以度为单位）。设置完成后点击 Apply，再分别打开达性和可视性。

设置或清除"可见"，以使两个功能都显示或隐藏；如果"Envelope Setup"对话框未打开，则可以通过单击打开和关闭抓取包络 ，并通过单击来切换视觉包络 。单击"关闭"退出"Envelope Setup"对话框。

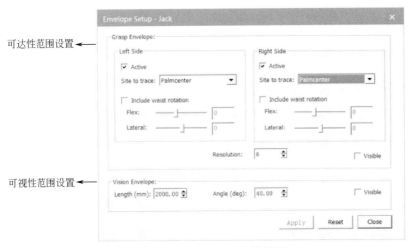

图 9-11　Envelope Setup 设置图

9.3.2　人机工效学分析

图 9-12　人机工效学工具栏

选择 Human → Ergonomics 人体工程学选项使用户能够对工作场所中的人体模型执行人体工程学分析，如图 9-12 所示。

"分析工具"选项使用户能够使用 NIOSH、OWAS、疲劳、SSP、LBA、CBL、EAWS、人体工程学指标、通用和 RULA 系统分析姿势和/或操作，此外，还可以使用此选项生成有关这些系统的一系列静态报告。

要设置分析，可在图形查看器或对象树中选择要观察的人体模型，选择"人体工程学"选项卡→"分析工具　"组，将显示"分析工具"对话框，如图 9-13 所示。

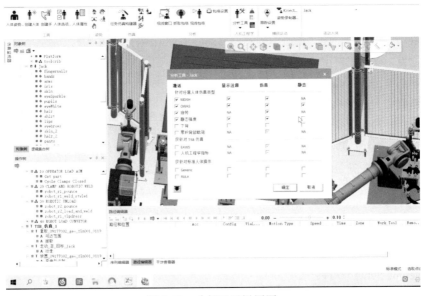

图 9-13　分析工具设置图

在激活分析列中，选择要运行的分析；在"显示注释"列中，选择是否显示在相关分析中创建的注释；在"模拟报告"列中，选择是否生成相关分析的模拟报告，用户可以选择显示注释并为每个分析生成报告，每个人体模型可以有不同的设置。

在"静态报表"列中，选择是否生成相关分析的静态报表。不必选中"激活分析"复选框即可运行静态报告，还可以创建静态用户定义的人体工程学报告，根据"人工选项"对话框的"报告"选项卡中的设置，"分析设置"对话框中将显示其中每个报告的行。

单击▼以访问高级选项，然后使用"选择要保存报告的文件夹"字段输入要在其中保存报告文件的文件夹的名称，用户还可以单击"浏览"按钮 ⋯ 并导航到所需的位置，单击"确定"，所选分析将被激活。

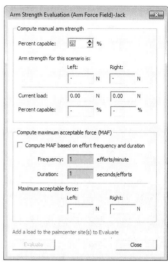

图 9-14　臂力评估图

（1）手臂力量评估操作

手臂力量评估（手臂力场）工具计算指定的人体模型在握住物体（或任何其他力作用在其手上）时可以用其手臂施加的最大力。手臂力量评估工具使用户能够执行以下所有操作：计算任何方向的最大用手能力；计算能够进行特定劳累情景的人口百分比；在计算最大能力时，应考虑用力频率和持续时间。

选择一个人体模型，并将其姿势调整为用户正在评估的任务的姿势。"分析工具"组中选择"人体工程学"选项卡，然后选择"臂力评估 🦾"，将显示"臂力评估（手臂力场）"对话框，如图 9-14 所示。

设置右手和/或左手的载荷（右手掌中心和/或左手掌中心部位，如为对象分配重量中所述），如图 9-15 所示。

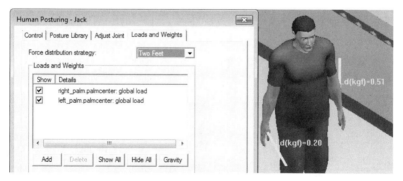

图 9-15　手臂载荷设置图

在"手臂力量评估（手臂力场）"对话框中，"能力百分比"默认设置为 75%，如图 9-16 所示，意味着系统计算的结果至少有 75% 的人口能够执行，如果需要，可以修改此参数。当前载荷显示用户施加到人体模型手上的力。

单击"评估"，如图 9-17 所示，在此方案的"手臂力量是区域"中，对话框显示右臂和左臂能够施加的力，同时考虑当前载荷施加的力，它还显示"有能力的百分比"，即能够执行此操作的总体百分比。

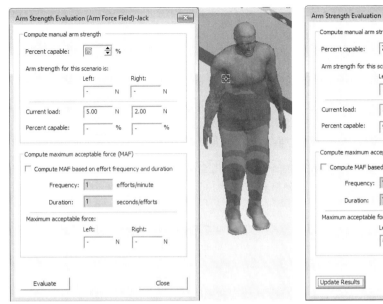

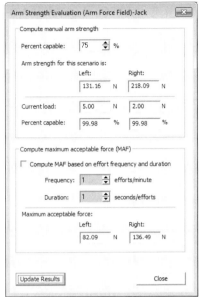

图 9-16　手臂力量评估图　　　　　　　　　　图 9-17　手臂力量评估表

　　对姿势、手部载荷/力或输入字段进行调整，然后单击"更新结果"，该对话框将重新计算人体模型能够施加的最大力，并显示更新的结果。计算最大可接受力（MAF）区域使用户能够计算人体模型在连续场合可以施加的最大力，根据工作量频率和持续时间设置计算 MAF，配置频率和持续时间，然后单击更新结果，结果显示在最大可接受力区域中，如图 9-18 所示。

　　（2）工作姿势分析评估方法介绍（OWAS 分析）

　　OWAS（Ovako Working Posture Analysis System）是工作舒适度分析工具。OWAS 评估不同部分的相互作用，并定义了五个压力类别，这表明对所检查的姿势采取必要纠正措施的紧迫性，OWAS 姿态用五位代码编写 ，如图 9-19 所示。

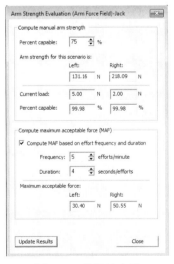

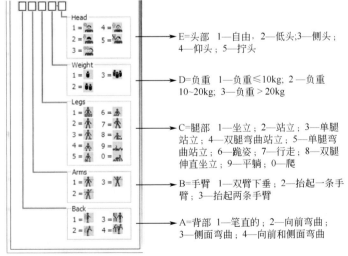

图 9-18　结果输出图　　　　　　　　　　　图 9-19　OWAS 分析图

欧洲装配工作表（EAWS）是一种符合人体工程学的一级系统，用于评估生物力学过载对工人的风险。EAWS分析多个人体工程学变量，并为所考虑的每个工作周期打分，周期由任意数量的任务组成，评分系统如下：在Process Simulate人机工程里操作者的姿态舒服程度由颜色体现出来，如图9-20所示。

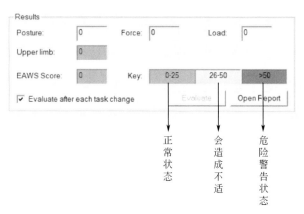

图9-20　人体舒服程度图

职业安全与健康（NIOSH）分析。美国国家职业安全与健康研究所（NIOSH）是美国的一个研究机构，进行研究并对工伤进行预防的机构。他们创造了工作分析的两种方法：NIOSH 81和NIOSH 91。这两种方法主要分析搬运等动作姿势与腰、背部疼痛和受伤相关的内容。

NIOSH分析需要的几个参数：工人工作起点和终点的姿势；工人手与物体的接触，如抓取；工人做特定操作的频率和持续时间；终点的有效控制是否需要（如果在终点放置物体需要一个有效控制，那么该操作在终点也需要一个精确的计算）。

NIOSH 81分析输出参数：Action Limit——75%女性工作者和99%男性工作者允许的重量；Maximum permissible limit——1%女性工作者和25%男性工作者允许的重量。

NIOSH 91分析输出参数：Recommended Weight Limit——推荐的重量范围。

对NIOSH分析进行设置。先创建一组人机模拟仿真；设置需要添加事件的操作，设定为Set Current Operation；选择View → Sequence Editor →Human Event → Ergonomics出现图9-21所示窗口；设置开始事件（结束事件）、频率和其他必要的参数；设置开始时间（结束时间）。设置完成后，点击OK并运行仿真。

（3）能量消耗分析操作（Energy Expenditure）

选择一个人机操作；选择Human → Ergonomics → Energy Expenditure，出现图9-22所示对话框。

在Task Data区，选择任务种类，并对不同种类的任务进行不同的参数设置；点击Add，将任务添加到任务列表。设置完成后，在Summary区，自动显示能量消耗情况，点击Create Report生成报告或另存指定位置，报告如图9-23所示。

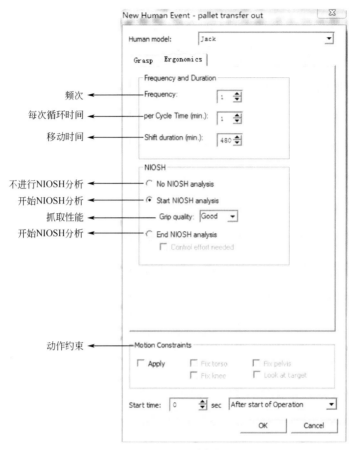

图 9-21　NIOSH 分析设置图

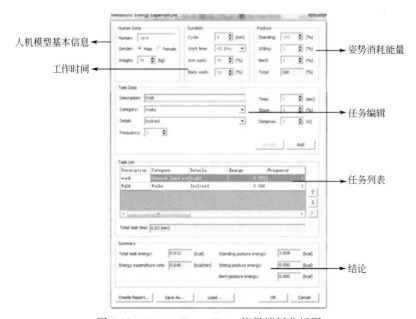

图 9-22　Energy Expenditure 能量消耗分析图

Task Descriptions												
Description	Category	Details	Kcal	Frequency	Low position	High position	Load	Time	Force	Walkspeed	Distance	Slope (%)
work	General hand work	Light	0	1	--	--		1				
Walk	Walks	Inclined	0	1	--	--		1	--	0	0	0

Energy Expenditure Summary	
Cycle (min)	6
Total Task Energy (kcals)	0
Standing Posture Energy (kcals)	3.9
Sitting Posture Energy (kcals)	0
Bent Posture Energy (kcals)	0
Total Energy Expenditure (kcals)	3.9
Energy Expenditure Rate (kcals/min)	0.6

图 9-23 报告生成图

（4）疲劳度分析操作

疲劳度是分析工具中非常重要的一项，疲劳度和恢复分析工具可以评定在一个工作循环中，是否有足够的身体恢复时间，以避免工人身体疲劳。基于对强度和疲劳的研究，工具可以计算出在一个工作循环中，所需要的休息时间。如果没有足够的休息时间，工人将有很大的疲劳风险，甚至受伤。

使用这个工具，用户可以做以下的工作：设计一个使工人疲劳度最小的手工工作；在实际时间模拟仿真内连续分析工人的疲劳度；在规划的手工工作内，评测工人轮流工作的方法；确认在一个工作循环内需要最多恢复时间的工作，在肌肉组织处于最紧张状态下，找到一个工作疲劳最小风险的最好的时间。

从人机静态强度模型用肌肉系统扭矩获得数据，疲劳与恢复分析工具为每个循环包括每个工作计算恢复的时间。使用这个工具，用户需要设置被选择的人机模型在最紧张状态下工作或在实际时间内运行一个仿真操作，使工人执行所有或部分操作；指定工人手上的负重；指定单个操作和总的循环时间。

疲劳和恢复分析工具的结果用于：确定在一个工作循环中不能给工人足够恢复时间的任务；运行"what-if"命令，修正任务的变量，评测所有恢复时间的影响以降低工人疲劳的风险。图 9-24 所示是一个疲劳和恢复报告。

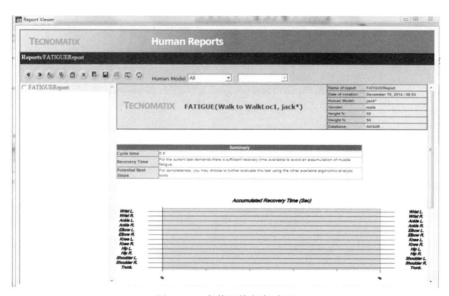

图 9-24 疲劳和恢复报告图

（5）下背部及上肢分析操作

腰部分析可以帮助分析脊柱各姿势的受力情况，可以：确定新定义的或现有的工作任务符合 NIOSH 标准或显示工人腰部受伤的风险；实时评测，标出工人腰部承受的压力超过 NIOSH 标准压力的时间。Low Back Analysis（下背部分析）可以生成一项评定报告。

RULA 快速上肢评估工具可以帮助用户评估是否需要干预降低身体负荷造成的受伤风险：上肢损伤的风险评估基于姿势、肌肉使用、负载的重量、任务持续时间和频率；分配一个标准来评估任务，通过不同程度的干预来减少受伤的风险。RULA 应用于快速评估暴露工人的手工任务潜在的上肢损伤的风险；设计新的人工任务或指导重新设计现有的任务。

（6）分析报告的储存与查看

分析报告存储路径设置：选择 Human→Human Options→Report Viewer 进行设置，如图 9-25 所示。

图 9-25　分析报告存储路径设置图

查看分析报告：Human → Report Viewer 提升操作执行工效学分析后可以查看生成的报告。点击 Human →Report → Open Viewer 可以查看报告；从左侧列表视图查器选择一个（或多个）报告后单击显示的报告。选择的报告显示在右边，如图 9-26 所示。

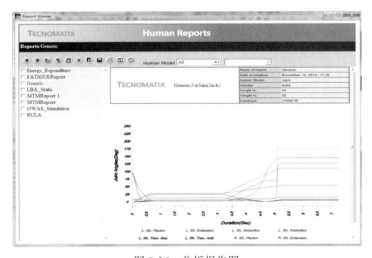

图 9-26　分析报告图

可以用不同的选项按钮有效地过滤和控制报告视图中的报告，如图 9-27 所示。

图 9-27　选项按钮图

9.3.3　人机事件设置

可以在人机操作添加事件，它可以添加抓取事件，定义一些分析必要的参数，指定操作期间应进行抓取或释放的时间。选择操作：右键选择 Set Current Operation，将该操作设置为当前操作，如图 9-28 所示。

图 9-28　人机事件设置

用户可以定义以下类型的抓取事件：

① 跟随：跟随抓取事件会导致人体效应器在物体移动时移动，反之亦然，这意味着当人体模型移动时，物体不会移动。例如，如果操纵器正在移动，则人体模型会将其手放在手柄上并跟随操纵器运动，但是，人体模型的运动不会导致操纵器移动。

② 把握：抓取事件在操作期间将人体效应器附加到组件上。此事件使模型能够选取组件，

（如工具）以执行特定任务。

③ 相互把握：当物体移动时，相互抓取事件会导致人体效应器移动，反之亦然，这意味着当人体移动时，物体也会移动。

④ 释放：释放事件在操作期间将人体效应器与组件分离。效应器必须已通过抓取事件连接，release 事件使模型能够在执行特定任务后释放组件（如工具）。

在序列编辑器的"甘特图"区域中，右键单击所需的操作，然后选择"人工事件"。将显示"新建人员事件"对话框，其标题栏中包含所选操作的名称，并打开"抓取"选项卡，如图9-29所示。

如果未显示要执行定义的抓取的人体模型的名称，可单击"人体模型"字段，然后从下拉列表或图形查看器中选择人体模型。所选模型的名称将显示在"人体模型"字段中，当前包含在所选操作中的抓取信息条目的列表将显示在抓取信息列表中，单击"添加"，将显示"添加抓取"对话框，如图9-30所示。

图9-29　抓取选项卡

图9-30　抓取对话框图

从"效果器"下拉列表中，选择要抓取或释放多个对象的效果器，以下效果器可用：双手、视力、左手、左腿、右手、右腿和骨盆。"双手"效应器将左手和右手执行器组合在一起，以简化人体模型的处理，但在"抓取信息"列表中创建单独的条目。效应器骨盆与允许行走相结合，导致人体模型沿着移动的物体行走，这可以与伸手/抓握操作相结合，以允许人类模型在行走时工作。

从模式下拉列表中，选择一种抓取模式，可以使用以下抓取模式：跟随、附加、相互抓取和释放。在"对象"列表中，通过在图形查看器或对象树中选择对象来添加对象。可以抓住多个对象（组件，但不是实体），并且一次使用多个效应器（右/左手/脚和视觉）跟踪至少一个对象，在运动学装置的情况下，可以跟随实体（单向），但不能抓住它们，当用户抓取这样的物体时，抓取自动成为跟随抓取。

单击"确定"以确认要抓取的已添加对象。对话框中设置的值将添加到"抓取信息"列表中，有效抓取标有绿色 ，干扰其他抓取的抓取标有红色 ✖。在"加载"区域中，选中"自动""从带注释的对象中检索加载"，系统将显示用户为人体模型持有的选定对象配置的权重和力（在为对象分配权重中配置）。

在"开始时间"字段中，指定事件的时间。选择要在操作中附加/释放对象的时间（以秒为单位），然后选择操作开始/结束之前/之后以限定指定时间的参数。单击"确定"，在甘特图中，由操作上的红色标记指示的人工抓取/释放事件将在指定的时间添加到所选操作中。当所选操作运行时，所选人员模型将在操作中的指定时间抓取/释放所选对象，对象将与选定的手一起移动，直到松开。

选择 Viewer → Sequence Editor，打开视图，在视图区域选择操作，右键操作会出现图 9-31 所示的窗口。

Attach Event		绑定事件，将一个模型绑定到另一个模型，并随之运动
Display Event	Ctrl+D	显示事件，将某模型显示出来
View Point Event	Ctrl+W	视角转换事件
Emphasize Event		着重强调事件
De-emphasize Event		不强调事件
Pause Event		暂停事件
Enable Pause Events		开始暂停事件
Disable Pause Events		取消暂停事件
Activate Collision Sets Event		打开干涉设置事件
Deactivate Collision Sets Event		关闭干涉设置事件
Human Event...		人机事件
Link with Offset		
Reorder by Links		
Paste	Ctrl+V	
Delete	Delete	
Operation Properties		

图 9-31　事件管理图

本章总结

Process Simulate 机器人及自动化仿真功能可以生成已充分验证的机器人程序；支持多机器人同工位协同工作；支持如点焊、弧焊、激光焊、铆接、装配、包装、搬运、去毛倒刺、涂胶、抛光、喷涂等多种主要工艺；支持市场上所有主要的机器人控制器品牌；支持机器人离线程序的下载和上传。

人因工程仿真在产品设计阶段可以最大限度地降低生产启动后因返工带来的设计变更成本；最大限度减少对物理模型的需求；降低产品设计成本，加快产品上市时间；提高产品舒适性和安全性。同时可以最大限度地确保工人人身安全，降低医疗成本；提高产品/工艺设计早期验证；及早发现装配布局问题，最大限度地减少延迟/停机时间；提高生产效率，缩短产品生产周期。

随着计算机技术和网络技术的不断发展，基于人机工程学的虚拟设计和测试评价已经成为可能，这不仅可以提质、增效、降成本，而且可以增强企业的竞争能力。利用 Process Simulate 软件搭建数字化仿真平台，借助 Human

模块在产品设计阶段完成对人的一系列操作仿真分析，并根据分析结果直接影响产品设计、工程设计及工艺规划结果，提前识别问题并及时解决，优化人工操作姿态，使现场人工操作完全符合人机工程学要求。

随着对仿真的要求越来越高，传统的静态模型已经不能适应多任务多目标的仿真目的，人因工程仿真随着科技的发展应用越来越成熟，但同样也面临很多挑战。比如人的一些行为特性，从生理、心理、社会、文化等变化的多样性和复杂性很多情况考虑不是很全面。不仅需要研究行为者本身，还需研究行为者和系统中其他元素的关系。对控制人行为，特别是具有认知行为的大脑机能，至今尚未完全弄清楚。人因失误的突发性和无序性，使得其数据收集和掌握规律很困难，所以导致人因数据库建设多年进展缓慢。基于人因工程仿真以上特点以及面临的挑战还需要我们共同努力完善。

参考文献

[1] 孟庆波. 工业机器人应用系统建模（Tecnomatix）[M]. 北京：机械工业出版社，2021.

第10章

制作一个完整仿真过程

10.1 单工位机器人案例

10.1.1 功能区简介

导航树（Navigation Tree）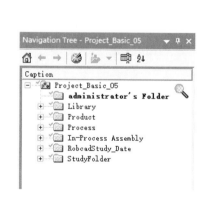：显示整个项目的基本结构，其中包括产品树、资源树和操作树及其库的信息，可以在 Process Simulate 中查看 Process Designer，如图 10-1 所示。

对象树（Object Tree）：Process Simulate 中默认操作窗口，与 Process Designer 的 Resource Tree 和 Product Tree 保持一致，编辑修改后会同步更新在 Process Designer，其他目录存放对应的标签、刨切、坐标、干涉区、点云等数据，如图 10-2 所示。

图 10-1　导航树

图 10-2　对象树

操作树（Operation Tree）：与 Process Designer 的 Operation Tree 保持一致，编辑修改后

会同步更新在 Process Designer，在 Line Simulation 模式下有 LineOperation 目录，如图 10-3 所示。

逻辑集合树（Logical Collections Tree）：显示 In-Process Assembly 结构，显示自定义创建的组，便捷查看和操作选择组资源，如图 10-4 所示。

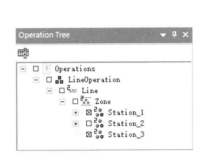

图 10-3　操作树

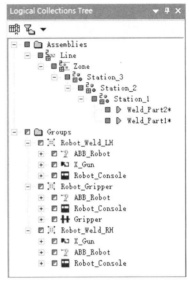

图 10-4　逻辑集合树

物料流查看器（Material Flow Viewer）：在 Line Simulation Mode 操作应用，规划工件的生产流向，Part Appearance 不可少的操作步骤，让 Process Simulate 更趋近于现实生产工艺，如图 10-5 所示。

模块查看器（Modules Viewer）：在 Line Simulation Mode 操作应用，替代 PLC 的简单逻辑控制功能，在虚拟调试时将不起作用，导出控制逻辑不能应用于真实的 PLC，如图 10-6 所示。

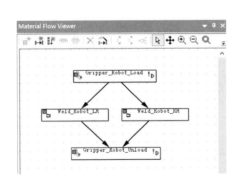

图 10-5　物料流查看器

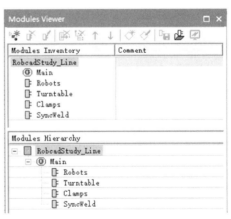

图 10-6　模块查看器

路径点查看器（Waypoint Viewer）：创建特殊的机器人轨迹点，连接轨迹点与路径，轨迹点→路径→轨迹点往返运动，实现便捷路径管理和快速仿真，如图 10-7 所示。

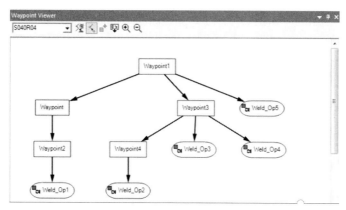

图 10-7　路径点查看器

变量查看器（Variant Viewer）：在 TeamCenter 使用变量管理，快速筛选查看不同变量的产品资源操作，如图 10-8 所示。

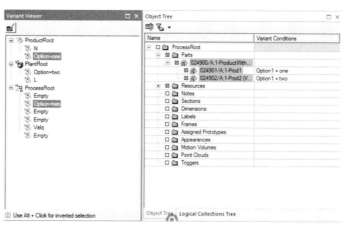

图 10-8　变量查看器

信号查看器（Signal Viewer）：在 Line Simulation Mode 操作应用，包括 PLC 信号、机器人信号、自动创建或自定义新建信号，可通过 OPC 协议与外部设备进行交互通信，如图 10-9 所示。

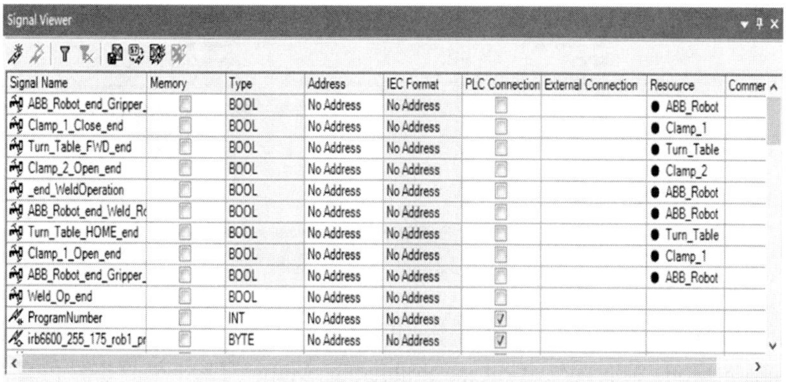

Signal Name	Memory	Type	Address	IEC Format	PLC Connection	External Connection	Resource	Commer
ABB_Robot_end_Gripper_		BOOL	No Address	No Address			● ABB_Robot	
Clamp_1_Close_end		BOOL	No Address	No Address			● Clamp_1	
Turn_Table_FWD_end		BOOL	No Address	No Address			● Turn_Table	
Clamp_2_Open_end		BOOL	No Address	No Address			● Clamp_2	
_end_WeldOperation		BOOL	No Address	No Address			● ABB_Robot	
ABB_Robot_end_Weld_Rc		BOOL	No Address	No Address			● ABB_Robot	
Turn_Table_HOME_end		BOOL	No Address	No Address			● Turn_Table	
Clamp_1_Open_end		BOOL	No Address	No Address			● Clamp_1	
ABB_Robot_end_Gripper_		BOOL	No Address	No Address			● ABB_Robot	
Weld_Op_end		BOOL	No Address	No Address				
ProgramNumber		INT	No Address	No Address	✓			
irb6600_255_175_rob1_pr		BYTE	No Address	No Address	✓			

图 10-9　信号查看器

仿真面板（Simulation Panel）：在 Line Simulation Mode 操作应用，逻辑块、信号应用显示和管理面板，从 Signal Viewer 中添加信号，可直接强制和暂定信号，如图 10-10 所示。

模拟监控（Simulation Monitor）：基于信号事件的仿真信息显示，实时显示仿真过程中的逻辑执行情况，包括错误、警报、数据和调试信息，如图 10-11 所示。

图 10-10　仿真面板　　　　　　　　　　图 10-11　模拟监控

eMS 库浏览器（eMS Library Browser）：eMServer 的便捷管理窗口，Navigation Tree 中库数据的详细信息，如图 10-12 所示。

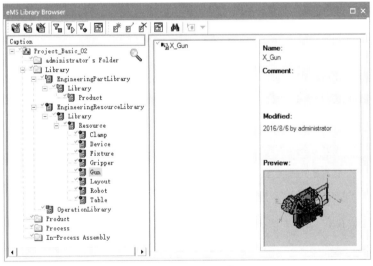

图 10-12　eMS 库浏览器

时序编辑（Sequence Editor）：操作编辑和时序查看界面，与 Operation Tree 保持一致并同步更新，Standard Mode 为时序仿真，Line Simulation Mode 为基于信号事件仿真，如图 10-13 所示。

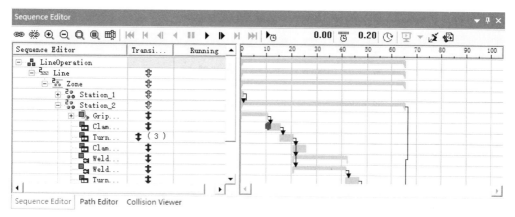

图 10-13　时序编辑

路径编辑（Path Editor）：自动化设备运行轨迹的查看界面，从 Operation Tree 中加载路径，并进行轨迹路径编辑修改，机器人 Program 的编辑操作，机器人 OLP 离线编程时参数设定、批量编辑和程序导出，如图 10-14 所示。

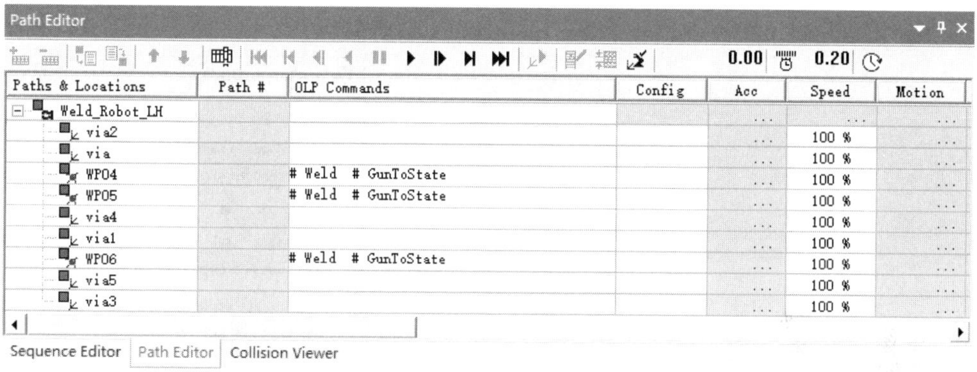

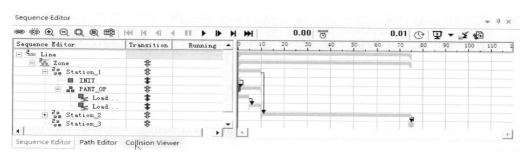

图 10-14　路径编辑

切换到标准模式（Switch to Standard Mode）：标准的仿真验证模式，与信号事件无关联，适用于单工位调试，该模式下 Sequence Editor 基于时序的仿真，Object Tree 的 Parts 有工件，以便仿真验证，如图 10-15 所示。

图 10-15　标准模式

切换线路仿真模式（Switch to Line Standard Mode）：生产线仿真模式，信号控制和逻辑运行，适用于整个生产线调试，该模式下 Sequence Editor 基于信号时间的仿真，Object Tree 的

Parts 无工件，以 Appearance 的方式出现，如图 10-16 所示。

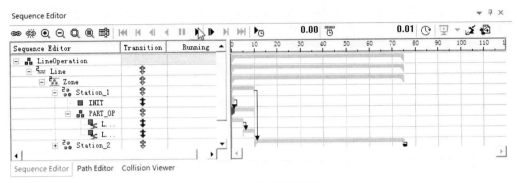

图 10-16　切换线路仿真模式

更新 eMServer：在 Process Simulate 通过 eMServer Update 的方式保存数据，Parts 保存工件的变更信息，如位置、产品结构，Operation 和 Resource 可以按照需求设置保存，Line Simulation Data 在 Line Simulation Model 必须保存，Store Study Data 时以上选项均不能保存，如图 10-17 所示。

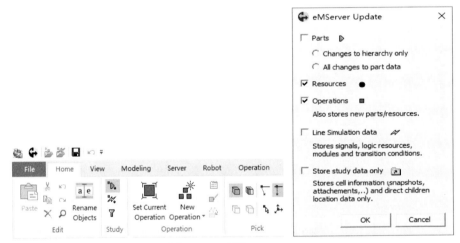

图 10-17　更新 eMServer

Process Simulate 与 Process Simulate Standalone 的区别在于：

① Process Simulate 是基于 Oracle、eMServer 运行，与 Process Designer 同步，通过 eMServer Update 保存；

② Process Simulate 通过 Save Study（psz / pszx）的方式提供 Process Simulate Standalone 可打开文件；

③ Process Simulate 打开 psz / pszx 后，再通过 eMServer Update 把离线编辑的数据保存在 Oracle；

④ Process Simulate Standalone 独立运行，不与 Oracle、eMServer 关联，也不与 Process Designer 同步；

⑤ Process Simulate Standalone 打开运行 Process Simulate 保存的 psz / pszx 文件，离线

编辑；

⑥ Process Simulate 有同步更新的应用功能，如 New Project、Create Engineering Libraries。

Process Simulate 与 Process Simulate Standalone 的相同点在于两者都要基于 System Root 的数据。

10.1.2　单工位机器人案例实施方案

① 打开 Process Simulate Standalone，点击 File→Disconnected Study，点击 New Study 命令，创建标准模板的 RobcadStudy，如图 10-18 所示。

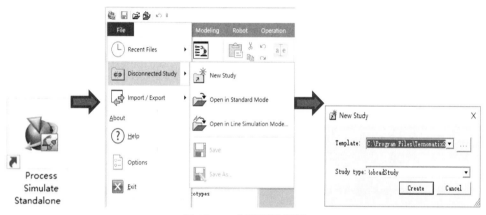

图 10-18　创建标准模板

② 设置 Client System Root，按 F6 键找到 Disconnected 选项，选择预先准备好的三维数模所在的路径，如图 10-19 所示。

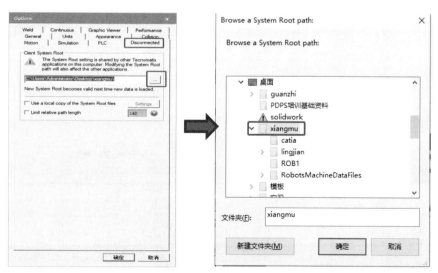

图 10-19　选择路径

③ 定义机器人的三维数据模型资源的类型，将桁架定义为 Robot，如图 10-20 所示。

图 10-20　定义桁架

④ 插入机器人的产品资源，搭建虚拟仿真场景，如图 10-21 所示。

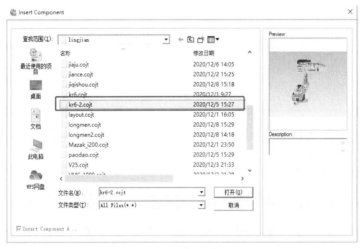

图 10-21　插入资源

⑤ 定义机器人运动机构，如图 10-22 所示。

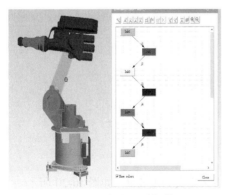

图 10-22　定义运动机构

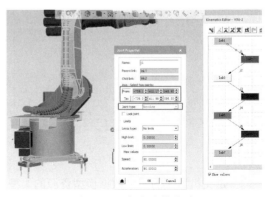

图 10-23　定义连接方式

⑥ 定义各个 Link 之间的连接方式，如图 10-23 所示。
⑦ 选中机器人，点击 End Modeling 命令，完成桁架运动定义，如图 10-24 所示。

图 10-24　完成桁架运动定义

⑧ 选择 Joint Jog 命令，拖动游标查看机构运动情况，如图 10-25 所示。

图 10-25　查看机构运动情况

⑨ 导入并定义抓手运动机构。点击 Define Component Type，将抓手定义为 Gipper，完成定义后，点击 Inert Component，选择导入抓手，如图 10-26 所示。

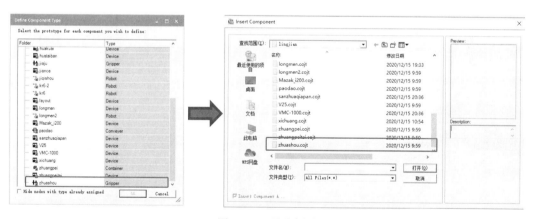

图 10-26　导入抓手

选中导入的抓手，点击 Set Modeling Scope，选中后点击 Kinematics Editor，点击 Creat Link，如图 10-27 所示。

如图 10-27 所示，定义 j1 和 j2 的 From、To 为旋转轴的起始点，机构运动方式为旋转，并设置旋转角度及速度。j3 的 From、To 为 Link4 运动的起始点，机构的运动方式为移动，设置旋转角度及旋转速度，如图 10-28 所示。

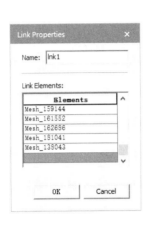

图 10-27　导入并定义抓手

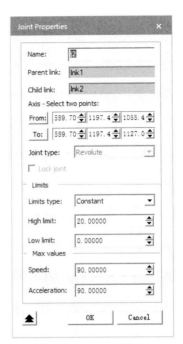

图 10-28　定义参数

⑩ 将抓手挂载到机器人上。选中机器人点击 Mount Tool 命令→nt 选择抓手，完成抓手的挂载，如图 10-29 所示。

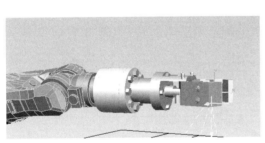

图 10-29　抓手挂载

图 10-30　定义工件及装配台类型

⑪ 导入装配台及工件。点击 Define Component Type 定义工件及装配台的类型，点击 OK 导入装配台及工件，如图 10-30 所示。

⑫ 将装配台及工件利用重定位命令移动到 Layout 的相应位置，如图 10-31 所示。

⑬ 制作机器人的抓取 Operation，并添加机器人路径点。首先选中机器人，点击 New Operation 命令，然后选择要设置路径的机器人以及 Pick、Place 点，如图 10-32 所示。

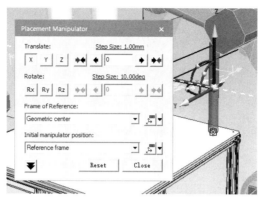

图 10-31　重定位设置

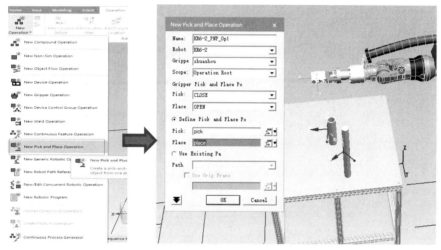

图 10-32　添加机器人路径点

⑭ 选中 Operation 中的 Pick 点，点击命令，具体调整机器人抓取时的姿态，如图 10-33 所示。

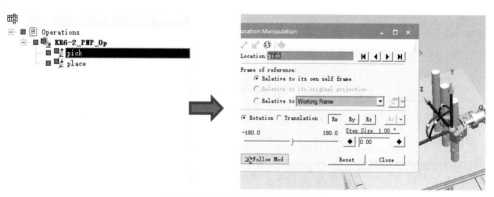

图 10-33　调整机器人抓取姿态

⑮ 选中 Operation 中的 Pick 点，点击 Add Location After 添加 Via 点，如图 10-34 所示。

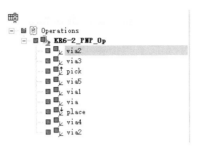

图 10-34　添加 Via 点

⑯ 完成机器人装配路径，如图 10-35 所示。

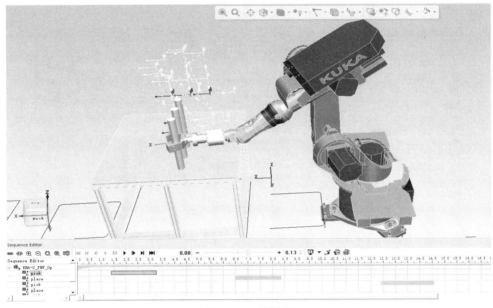

图 10-35　效果图

10.2　AGV 小车及桁架机器人协同工作案例

Process Simulation 支持制造环境中的 AGV 和 AMR，并且在模拟制造工位和 AGV 之间的交互中，为 AGV 系统的虚拟调试提供便利。为了在过程模拟中模拟 AGV，用户必须使用基于事件的模拟，这意味着用户应该在离线模拟模式进行加载研究。这是为了建立一个支持信号交换、控制系统连接以及条件和逻辑评估的环境所必需的。用户可以在一个新的空案例中创建 AGV，或者将它们引入一个包含建模生产环境（站、区域、线路等）的现有研究中。

以下是对 AGV 小车及桁架机器人协同工作案例的实施方案。

① 打开 Process Simulate Standalone，创建标准模板的 RobcadStudy……插入机器人的产品资源，搭建虚拟仿真场景，步骤参见 10.1.2 节①～④，如图 10-36 所示。

② 定义桁架机器人运动机构。先选中机器人，点击 Set Modeling Scope，选择 Kinematics Editor 命令开始编辑桁架各机构运动，点击 Creat Link，选择各部分运动构件，如图 10-37 所示。

图 10-36　插入产品资源

图 10-37　定义桁架机器人运动机构

③ 定义桁架机器人各 Link 构件，如图 10-38 所示。

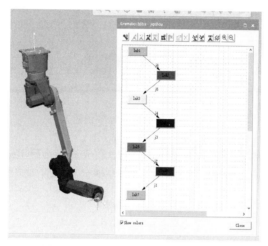

图 10-38　定义桁架机器人 Link 构件

④ 定义各个 Link 之间的运动方式。点击 From、To 并在构建上选择旋转轴的始末点，设置机器人六轴的 Joint type 都为 Revolute 旋转，设置六轴的活动角度，双击 j6 箭头进行编辑，如图 10-39 所示。

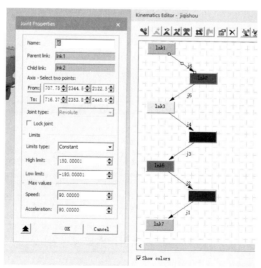

图 10-39　定义 Link 之间的运动方式

⑤ 将机器人挂载到桁架上，首先选择 Attach 命令，然后选择 Entity Pick Level 命令，最后将机器人挂载到 Link3 上，如图 10-40 所示。

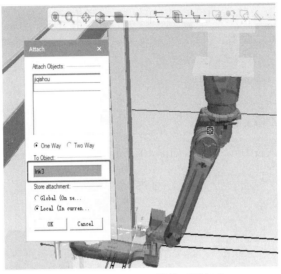

图 10-40　将机器人挂载到桁架上

⑥ 添加机器人外部轴，将机器人设置为八轴。首先右击选择 Robot Properties 命令，然后选择 External Axes 命令并 Add 添加，最后将两个外轴全部添加，如图 10-41 所示。

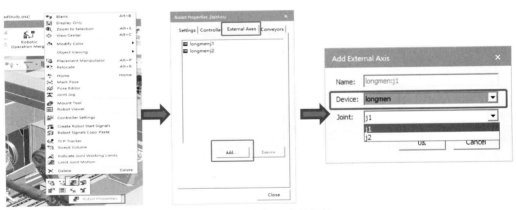

图 10-41　添加机器人外部轴

⑦ 选中机器人，点击 End Modeling 命令，完成机器人运动定义，如图 10-42 所示。

图 10-42　完成机器人运动定义

⑧ 选择 Joint Jog 命令查看机器人各机构运动情况，如图 10-43 所示。

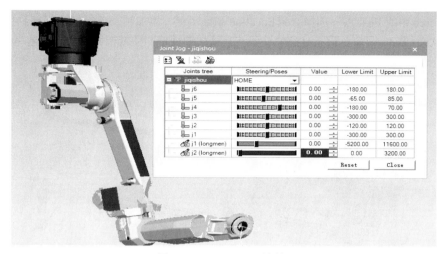

图 10-43　Joint Jog 对话框

⑨ 桁架机器人定义完成后如图 10-44 所示。

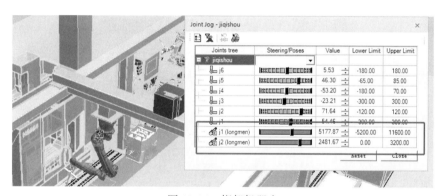

图 10-44　桁架机器人

⑩ 导入数控机床并定义机构运动。

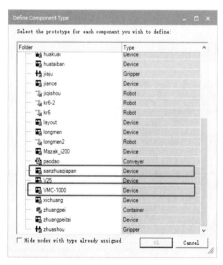

图 10-45　导入数控机床

将三爪卡盘和数控机床定义为 Device 并导入三爪卡盘及机床，选中数控机床，点击 Set Modeling 选中数控加床，点击 Kinematics Editor 选择 Creat Link 命令→Link1 选择左边门、Link2 选择右边门、Link3 选择除门以外的部分，点击 Link3 分别向 Link1、Link2 拖出箭头，双击箭头设置各构件链接关系，选中机床点击 Pose Editor，点击 New 创建 Pose 设置机床的打开闭合状态，完成机床机构定义，选中机床点击 End Modeling，如图 10-45 所示。

⑪ 设置桁架机器人搬运路径。选中机器人，点击 New Operation 选择抓取放置 Operation→选择抓手以及 Pick、Place 点→设置 Pick 点→设置 Place 点→选中 Operation Tree 中的 Pick 点→点击 Single or Multiping 命令，可具体调节机器人姿态→选中

Operation tree 中的 Pick 点→选择 Add Location After 命令，添加 Via 点→在每个 Via 点选择 Set External Axes Values 命令记录外部轴轴值→记录两轴轴值。完成桁架机器人搬运路径，如图 10-46 所示。

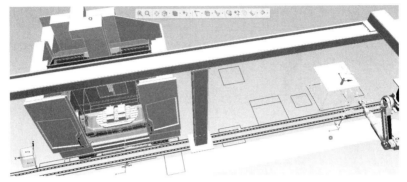

图 10-46　设置搬运路线

⑫ 导入 AGV 小车数模，将 AGV 定义为 Container，如图 10-47 所示。

图 10-47　AGV 定义为 Container

⑬ 插入机器人的产品资源，搭建虚拟仿真场景，如图 10-48 所示。

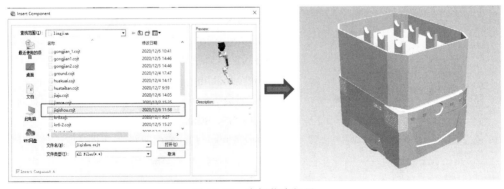

图 10-48　虚拟仿真场景

⑭ 设置 AGV 小车运动路径。首先选择 AGV 小车点击 New Operation，然后设置小车运动的始末位置，最后在机器人 Operation 相应位置设置 OLP，如图 10-49 所示。

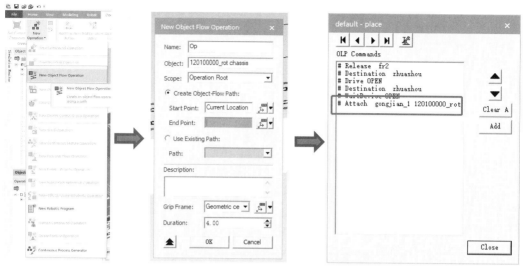

图 10-49　设置 AGV 小车运动路径

⑮ 完成 AGV 小车及桁架机器人协同工作路径，如图 10-50 所示。

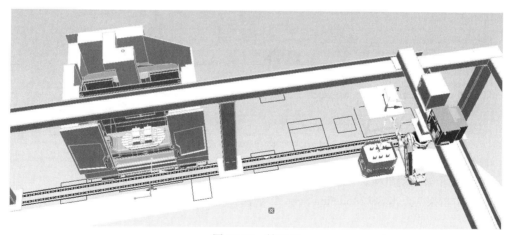

图 10-50　效果图

10.3　桁架运行案例

桁架是一种由杆件彼此在两端用铰链连接而成的结构。桁架是由直杆组成的一般具有三角形单元的平面或空间结构，桁架杆件主要承受轴向拉力或压力，从而能充分利用材料的强度，在跨度较大时可比实腹梁节省材料，减轻自重和增大刚度。

以下是对桁架运行案例的实施方案。

① 打开 Process Simulate Standalone，创建标准模板的 RobcadStudy，同前。

② 设置 Client System Root，同前。

③ 定义桁架的三维数据模型资源的类型，将桁架定义为 Device（设备），如图 10-51 所示。

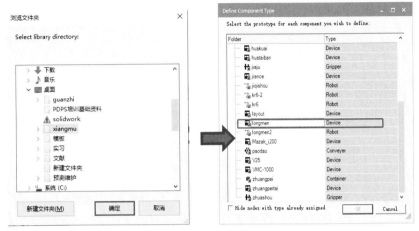

图 10-51　定义桁架

④ 插入桁架的产品资源，搭建虚拟仿真场景，如图 10-52 所示。

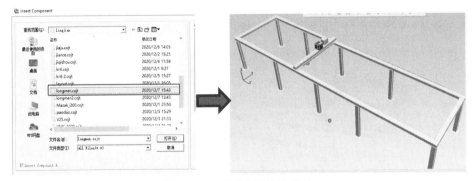

图 10-52　搭建虚拟仿真场景

⑤ 定义桁架运动机构。

a. 选中桁架，点击 Set Modeling Scope，如图 10-53 所示。

图 10-53　Modeling 菜单栏（一）

b. 选择 Kinematics Editor 命令开始编辑桁架各机构运动，如图 10-54 所示。

图 10-54　Modeling 菜单栏（二）

c. 点击 Creat Link，选择各部分运动构建，如图 10-55 所示。

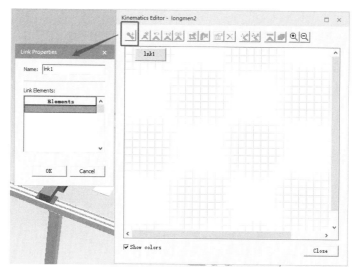

图 10-55　选择运动构建

d. 点击 Link Elements 后，在机构上点击要添加的构件，蓝色为选中状态，同理选择 Link2、Link3，如图 10-56 所示。

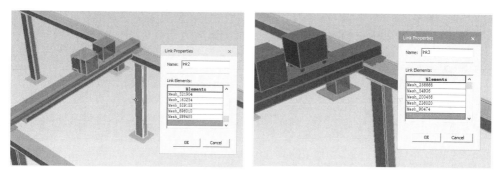

图 10-56　Link2（左）、Link3（右）

e. 点击 To，在构件上点击 Link2 运动方向的起始点，如图 10-57 所示。

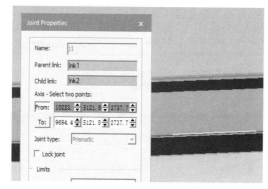

图 10-57　定义起始点

f. 设置 Joint type（关节运动方式）为 Prismatic（平移），同理将 j2 关节运动方式设置为平移，如图 10-58 所示。

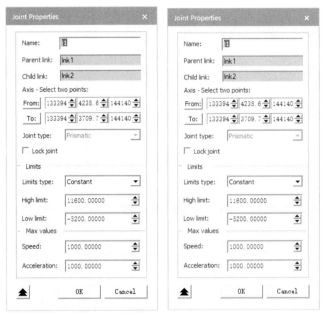

图 10-58　设置运动方式

⑥ 选中桁架，点击 End Modeling 命令，完成桁架运动定义，如图 10-59 所示。

图 10-59　完成桁架运动定义

⑦ 选择 Joint Jog 命令，拖动游标查看机构运动情况，如图 10-60 所示。

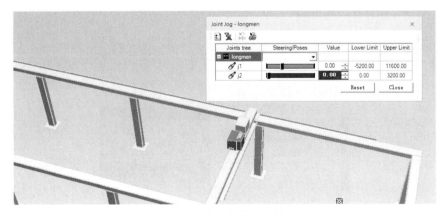

图 10-60　查看机构运动情况

⑧ 选中桁架，点击 Pose Editor 命令，点击 New 创建，在不同的工位添加 Pose，如图 10-61 所示。

⑨ 设置桁架运动路径。

a. 选中桁架，点击 New Operation 中的 New Device Operation，并设置 From、To 位置，如图 10-62 所示。

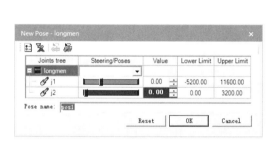

图 10-61　添加 Pose　　　　　　　图 10-62　设置起始及终点位置

b. 设置多个 Device Operation 并在 Sequence Editor 中安排运行顺序，按住 Ctrl 键选中两个 Operation，点击 Link，如图 10-63 所示。

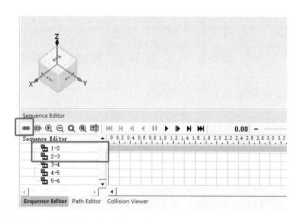

图 10-63　设置 Device Operation

10.4　整线仿真案例

① 打开 Process Simulate Standalone，点击 File → Disconnected Study，点击 New Study 的命令，创建标准模板的 RobcadStudy。

② 设置 Client System Root。

③ 定义桁架的三维数据模型资源的类型，将桁架定义为 Robot 设备，如图 10-64 所示。

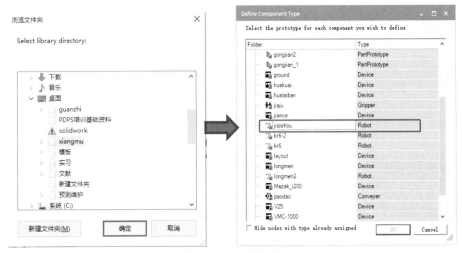

图 10-64　选择路径

④ 插入机器人的产品资源，搭建虚拟仿真场景，如图 10-65 所示。

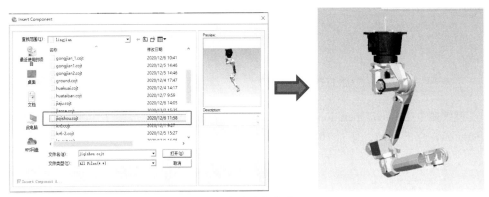

图 10-65　搭建虚拟仿真场景

⑤ 定义桁架机器人运动机构。

a. 点击 Creat Link，选择部分运动构件。

b. 定义桁架机器人各 Link 构件。

c. 定义各个 Link 之间的运动方式。

⑥ 将机器人挂载到桁架上。

⑦ 添加机器人外部轴，将机器人设置为八轴。

⑧ 选中机器人，点击 End Modeling 命令，完成机器人运动定义。

⑨ 选择 Joint Jog 命令查看机器人各机构运动情况。

⑩ 导入并定义抓手运动机构。首先，点击 Define Component Type 定义抓手为 Gipper，点击 Insert Component 选择插入的抓手→选中导入的抓手，点击 Set Modeling Scopey，选中后点击 Kinematics Editor，点击 Creat Link。添加 Link1～4 的机构，如图 10-66 所示。其次，定义

j1 和 j2 的 From、To 为旋转轴的起始点，机构运动方式为旋转，并设置旋转角度及速度，见图10-28。最后，选中抓手点击 Pose Editor→点击 New，创建抓手 Pose→创建 Close 和 Open 的姿态，如图 10-67 所示。

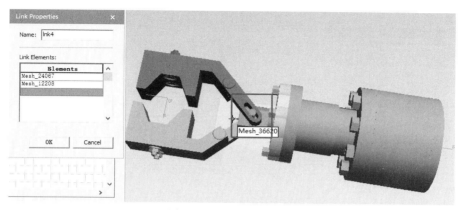

图 10-66　添加 Link 机构

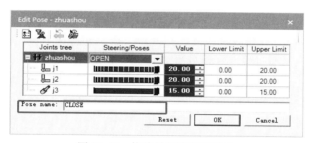

图 10-67　构建关闭和张开姿态

⑪ 将抓手挂载到机器人上。选中机器人后点击 Mount Tool 命令，选中抓手即可完成挂载，如图 10-68 所示。

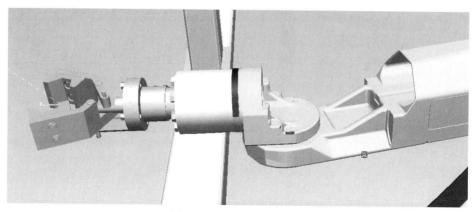

图 10-68　挂载完成效果图

⑫ 导入数控机床并定义机构运动，如图 10-69 所示。

选中数控机床点击 Set Modeling →选中数控机床点击 Kinematics Editor→选择 Creat Link 命令→Link1 选择左边门、Link2 选择右边门、Link3 选择除门以外的部分→按住 Link3 分别向

Link1、Link2 拖出箭头→双击箭头设置各构件链接关系→From、To 为门的运动方向,点击 From 设置起点,To 为终点,运动方式为移动,设置门的打开速度→选中机床点击 Pose Editor→点击 New 创建 Pose→设置机床的打开、闭合状态→完成机床机构定义,选中机床点击 End Modeling。

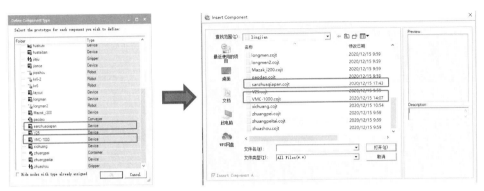

图 10-69 导入模型

⑬ 导入三爪卡盘并定义机构运动。选中导入的三爪卡盘→点击 Set Modeling Scope→选择 Kinematics Editor 命令→点击 Creat Link→Link1/2/3/4 分别选择的机构→按住 Link4 分别向 Link1、2、3 拖出箭头→双击箭头设置 From、To 机构运动起止方向,设置运动类型为平移,设置运动的距离及速度→同理设置 j2 与 j3 的连接→完成定义后,选中 Kinematics Editors→点击 New 创建 Pose→创建 Close、Sim Open 和 Open→完成对三爪卡盘的定义后,点击 End Modeling→选中三爪卡盘点重定位选项→From frame 选择该坐标→To frame 选择该点,并点击 Apply,如图 10-70 所示。

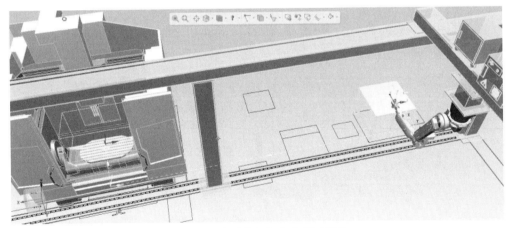

图 10-70 完成桁架机器人搬运路径

⑭ 导入 AGV 小车数模,将 AGV 定义为 Container。
⑮ 插入机器人的产品资源,搭建虚拟仿真场景。
⑯ 设置桁架机器人搬运路径。选中机器人,点击 New Operation 选择抓取放置 Operation→选择抓手以及 Pick、Place 点→设置 Pick 点→设置 Place 点→选中 Operation Tree 中的 Pick 点→点击 Single or Multiping 命令,可具体调节机器人姿态→选中 Operation Tree 中的 Pick 点→选择 Add Location After 命令,添加 Via 点→将添加的 Via 点调整到需要机器人到的

点→在每个 Via 点选择 Set External Axes Values 命令记录外部轴轴值并记录两轴轴值,如图 10-71 所示。

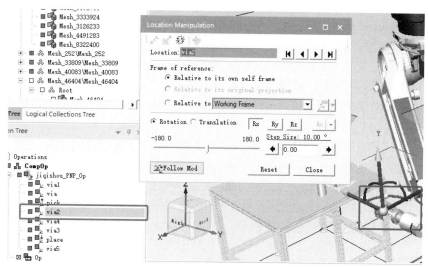

图 10-71 调整 Via 点

⑰ 设置每一个数控机床的 Operation。选中 New Operation 命令中的创建复合命令→选中 数控机床选择 New Device Operation 命令→设置数控机床的从至状态→选中三爪卡盘选择 New Device Operation 命令→设置三爪卡盘的从至状态→选中 Operation Tree 中创建 CompOp, 将机器人的 Operation 拖入,实现整体仿真→将机器人、数控加床、三爪卡盘的 Operation 拖入复合树中→设置机器人、三抓卡盘以及数控机床的时间运动顺序→单个工位设置完成后,同样方法设置多个工位 Operation→按住 Ctrl 键,通过 Link 命令将多个工位的复合 Operation 连接在一起实现多个工位与机器人的联动→规划各工位的 Operation 顺序→完成整体路径规划,如图 10-72 所示。

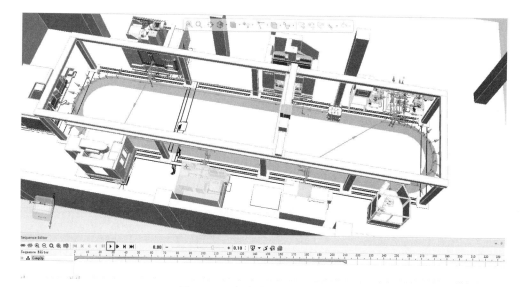

图 10-72 完成路径规划后效果图

本章
总结

Process Simulate 是一个集成的在三维环境中验证制造工艺的仿真平台。其中，工艺规划人员和工艺仿真工程师可以采用组群工作的方式协同工作，利用计算机仿真的技术手段模拟和预测产品的整个生产制造过程，并把这一过程用三维方式展示出来，从而验证设计和制造方案的可行性，可以提前发现设计和工艺问题，大量节省现场调试时间和工作量，为客户节省大量时间，提高工作效率，保证机器人程序的准确性。

装配仿真充分利用数据管理环境，开展全面详尽的装配操作可行性分析，并可利用验证工具进行三维剖切、测量以及碰撞检测，在虚拟中模拟完整的排序和自动化装配路径规划仿真。

机器人仿真能够规划和模拟高度复杂的制造生产区域，同步运行多台机器人和执行高度复杂的工艺，通过机器人仿真实现高级应用功能，如基于事件的仿真，对应品牌的机器人控制器，机器人与 PLC 信号交互等。另外自动规划生成干涉区和无干涉碰撞路径、批量配置轨迹点属性的功能，在优化机器人节拍时间和离线编程的效率上都得到了极大提升。

一个完整的仿真过程对于缩短新产品开发周期、提高产品质量、降低开发和生产成本，降低决策风险都是非常重要的，并且还可以保证更高质量的产品被更快地投放市场。